AF369466

DE

L'ANATOMIE DE LA MAIN

Considérée dans ses rapports

AVEC L'EXÉCUTION DE LA MUSIQUE INSTRUMENTALE

OU

NOUVELLE MÉTHODE INSTRUMENTALE RAISONNÉE

Basée sur la connaissance de l'Anatomie de la main

DE F. LEVACHER D'***

PAR LAQUELLE ON ACQUIERT

TRÈS-PROMPTEMENT UNE EXÉCUTION PLUS BRILLANTE

QUE PAR TOUTE AUTRE MÉTHODE.

La partie anatomique, qui sert de base à cet ouvrage, a été élaborée sous les conseils de M. le docteur

AUZIAS-TURENNE

Professeur d'anatomie et de chirurgie à l'École pratique de la Faculté de médecine de Paris, et est

APPROUVÉE ET ANNOTÉE

par

CRUVEILHIER

Professeur d'anatomie pathologique à la Faculté de médecine de Paris, président perpétuel de la Société anatomique, médecin de l'hôpital de la Charité, membre de l'Académie royale de Médecine et de l'Académie royale des Sciences de Turin, officier de la Légion d'honneur, etc., etc.

Le principal exercice de cette méthode consiste dans l'emploi d'un *appareil*, destiné particulièrement aux *pianistes*, qui donne très-promptement aux trois doigts faibles de la main toute la liberté et, par suite, toute la force, dont ils sont susceptibles. Elle est *approuvée* et

EXCLUSIVEMENT ADOPTÉE

par

THALBERG.

Cette méthode repose sur un *instinct*, et est déduite de la position la plus anti-naturelle et la plus antipathique à la désunion des trois derniers doigts de la main.

L'APPAREIL ne se vend pas sans la MÉTHODE. — Les deux ensemble, prix fixe, 38 francs.

Appareils pour femmes et enfants, même prix.

La Méthode seule, prix net, 4 fr. 50 c. — Emballage, 2 fr. 50 c.

Au Dépôt

CHEZ Mme LAUDE, RUE NOTRE-DAME-DE-LORETTE, 48,

En envoyant un bon sur la poste ou sur un banquier de Paris.

DE

L'ANATOMIE DE LA MAIN

Considérée dans ses rapports

AVEC L'EXÉCUTION DE LA MUSIQUE INSTRUMENTALE

OU

NOUVELLE MÉTHODE INSTRUMENTALE RAISONNÉE

Basée sur la connaissance de l'Anatomie de la main

DE F. LEVACHER D' ***

PAR LAQUELLE ON ACQUIERT

TRÈS-PROMPTEMENT UNE EXÉCUTION PLUS BRILLANTE

QUE PAR TOUTE AUTRE MÉTHODE.

La partie anatomique, qui sert de base à cet ouvrage, a été élaborée sous les conseils de M. le docteur

AUZIAS-TURENNE

Professeur d'anatomie et de chirurgie à l'école pratique de la Faculté de medecine de Paris, et est

APPROUVÉE ET ANNOTÉE

par

CRUVEILHIER

Professeur d'anatomie pathologique à la Faculté de médecine de Paris, président perpétuel de la Société anatomique, médecin de l'hôpital de la Charité, membre de l'Académie Royale de Médecine, et de l'Académie Royale des sciences de Turin. officier de la Légion d'honneur, etc., etc.

Le principal exercice de cette méthode consiste dans l'emploi d'un *appareil*, destiné particulièrement aux *pianistes*, qui donne très-promptement aux trois doigts faibles de la main toute la liberté, et par suite, toute la force, dont ils sont susceptibles. Elle est *approuvée* et

EXCLUSIVEMENT ADOPTÉE

par

THALBERG.

Cette méthode repose sur un *instinct*, et est déduite de la position la plus anti-naturelle et la plus antipathique à la désunion des trois derniers doigts de la main.

1840

Paris. — Typ. Lacrampe et comp., rue Damiette, 2.

DE LA SCIENCE DE RELATION

ENTRE

L'ANATOMIE DE LA MAIN

ET L'EXÉCUTION DE LA MUSIQUE INSTRUMENTALE.

Le traité que nous publions aujourd'hui, sous le nom de *Nouvelle Méthode instrumentale raisonnée*, est tout à la fois un ouvrage d'anatomie et un ouvrage de musique, ou, ce qui est plus exact, un ouvrage qui, empruntant de cette science pour expliquer cet art, établit les rapports intimes qui les unissent entre eux.

Jusqu'ici cette relation n'avait point été aperçue, ou avait été indiquée d'une manière tellement vague, que c'est à peine si l'on peut dire qu'elle avait été saisie. Pour nous, elle constitue véritablement une nouvelle science.

Afin de donner raison, d'une manière plus lucide, des entraves naturelles et cachées qui surgissent

1

dans la main dès qu'on se propose l'étude des instruments, et qui résistent toute la vie aux efforts que fait une main exercée pour arriver à toute la netteté désirable de l'exécution, nous avons fait le choix d'un seul, le piano; parce que l'étude de cet instrument renferme toutes les difficultés d'exécution de la musique instrumentale, et qu'elle seule nous a permis de développer notre théorie et d'en faire briller la clarté par la facilité, le nombre et la grande variété des applications qu'elle offre.

Le piano, dont l'étude s'est maintenue du goût du plus grand nombre, quoique hérissée de plus en plus de difficultés, nous a aussi été désigné, par ces motifs, comme le seul instrument qui pût nous faire espérer d'atteindre le but que nous cherchions.

La méthode en usage pour faciliter l'exécution de la musique de piano, basée sur des principes analogues à ceux de la méthode adoptée pour l'exécution de la musique instrumentale en général, fait consister tous ses moyens dans l'étude des gammes, des exercices propres à développer l'énergie de l'annulaire et du petit doigt, et des œuvres musicales qui portent spécialement le nom d'études.

Les gammes, dit-elle, initient les doigts à une marche successive et indépendante; les exercices viennent assurer cette marche en fortifiant les doigts faibles, et les études, par la variété des obstacles qu'ils

opposent, lui donnent la rapidité, la hardiesse, la
grâce et la légèreté, tous les attributs de la force et
de la liberté.

Nous ne nions pas les résultats de cette méthode,
mais ses moyens sont fastidieux, pénibles, décourageants, quelquefois même contraires à la santé,
toujours lents, jamais sûrs, nullement rationnels,
en ce sens que la puissance n'est point proportion-
née à la résistance, enfin bien éloignés de donner
aux doigts toute l'indépendance dont ils sont susceptibles, et au sentiment musical toute sa liberté.

Depuis longtemps le côté vague et indéfini de
cette méthode choquait les esprits réfléchis, lorsque
vint apparaître le Dactylion de M. Herz. La vogue
l'accueillit un instant, mais, malheureusement, elle
ne se définit et ne s'expliqua bientôt que par le besoin, que l'on éprouvait alors, de posséder une méthode raisonnée, dont la théorie reposât sur des
bases solides et pût s'appuyer sur des faits; elle ne
put donc se soutenir. Plus tard, le chirogymnaste de
M. Martin donna quelques espérances qu'on attein-
drait ce but: le premier, il crut voir quelques rapports entre l'exécution de la musique instrumentale
et l'anatomie de la main; mais, fier et ébloui de
cette idée nouvelle, sans interroger à fond l'anatomie de celle-ci, ni comprendre toutes les difficultés de celle-là, il vint choisir, pour juges de l'étude

anatomique de la main, qu'il n'avait faite que superficiellement, tous les artistes de l'époque.

Il ne distingua pas la difficulté de premier ordre d'avec celles de second et de troisième ordre, ne s'aperçut pas que le degré de latéralité des mouvements des doigts était nécessairement égal à leur degré d'élévation, et la conséquence de ceux-ci indiqua la cause principale de l'indépendance de l'annulaire, sans y apporter le véritable remède, ne reconnut pas la tendance naturelle des fléchisseurs à prendre le dessus des extenseurs, et chercha, au contraire, à les fortifier, ne donna la définition d'aucune difficulté d'exécution de la musique instrumentale, en un mot jeta seulement çà et là quelques jalons, qui devaient indiquer pour quelques esprits la possibilité de tracer plus tard une voie de relation entre la science et l'art, mais qui ne pouvaient laisser à coup sûr pour le plus grand nombre aucune trace visible.

En ne voyant pas sa tentative couronnée de succès, M. Martin abandonna son invention.

Ce fut à cette époque que, revenu à Paris et pouvant me livrer plus facilement à mon amour pour la musique, je fus entraîné par lui à étudier et à reconnaître les entraves qui s'opposaient à la libre expression de mon sentiment musical. Je jetai d'abord les yeux sur ce qui pouvait avoir été écrit précédem-

ment; mais, faute d'y trouver une lumière qui m'é-
clairât, j'interrogeai la science, et je fis une étude
consciencieuse de l'anatomie de la main : là, je trou-
vai dix réponses à chacune de mes questions, dix
solutions pour une que je cherchais, dix causes pour
produire un effet, et une lumière enfin, non pas suffisante, mais éblouissante d'éclat. Je m'empresse de
mentionner ici la reconnaissance que je dois à M. Auzias-Turenne, professeur d'anatomie à l'École pratique de la Faculté de médecine de Paris, pour la
bienveillance qu'il mit à m'aider de ses lumières
dans mon étude de l'anatomie de la main.

Bientôt la dépendance de l'annulaire, ses causes et
ses effets, directs et indirects, ressortirent pour moi
avec clarté; je distinguai trois ordres de difficultés,
puis l'influence de l'habitude sur l'indépendance des
doigts, le rapport de la somme de volonté avec la
durée du temps consacré à l'étude; je pus m'expliquer
les difficultés de doigts et celles de poignet, celles qui
se compliquaient tout à la fois des difficultés de doigts,
de la souplesse plus ou moins grande des tendons et de
la grandeur de la main; enfin j'arrivai plus tard à une
définition précise et scientifique de la cadence, de la
tierce, des gammes ou des traits, des accords, des octaves, des notes tenues et frappées avec les doigts de la
même main, c'est-à-dire des six grandes difficultés
d'exécution, conséquemment de toutes les difficultés

d'exécution de la musique instrumentale, exécution qui n'est, à proprement parler, qu'une combinaison intime et dérivée des difficultés sus-énoncées.

Lié d'intimité avec un jeune artiste plein d'avenir et de talent, dont le début projeté dans le monde musical me force de taire le nom, j'eus l'avantage de faire appliquer mes théories par un autre que par moi, au fur et à mesure qu'elles surgissaient par l'étude et la recherche des rapports qui venaient lier l'anatomie de la main à l'exécution de la musique instrumentale ; celles-ci m'apparaissaient tellement précises et claires, que je ne fus nullement étonné de voir les faits en venir toujours confirmer l'évidence.

Je ne me contentai pas des applications faites sur moi et mon ami, je m'adressai à plusieurs personnes à la fois : partout je fus écouté ; ma théorie parut lucide à tous, et les résultats en furent toujours constants, je dirai même surprenants. Bientôt je ne pus résister au désir de publier une méthode qui portait avec elle un tel cachet d'évidence et de tels fruits ; je chargeai M. Émile Beau du soin de reproduire, dans un dessin fidèle et scrupuleux, la région palmaire et dorsale de la main ; de son côté, M. Auzias-Turenne mit toute l'obligeance possible à répondre à quelques questions que M. Thalberg lui adressa ; je réclamai de la bienveillance de M. Cruveilhier, professeur d'anatomie pathologique à la Faculté de médecine de Paris, président perpétuel de la Société anatomique, etc., etc., de vouloir bien approuver et me permettre de mettre sous ses auspices la partie anatomique de mon ouvrage. L'accueil que M. Cruveilhier fit à mon invention, l'intérêt qu'il prit à son apparition dans le monde musical, et l'empressement qu'il voulut mettre à en annoter la partie anatomique, me font un devoir de le publier ici, et de lui donner ce témoignage de ma reconnaissance. Enfin je priai M. Thalberg de vouloir bien agréer l'hommage de la partie qui traitait de l'exécution de la musique instrumentale ; hommage qu'il convertit bientôt en l'adoption de ma nouvelle méthode instrumentale.

Sous les auspices de telles autorités, mon ouvrage se recommande de lui-même à la bienveillance du public, et leur appui me donne au moins lieu d'espérer qu'il sera jugé comme utile et consciencieux.

CHAPITRE Ier.

L'exécution de la musique instrumentale se divise en deux parties :

1° L'adresse, ou le mécanisme de l'instrument ;

2° L'indépendance des doigts.

1° L'adresse, ou le mécanisme de l'instrument, ne s'acquiert que par l'habitude de l'instrument lui-même ; c'est une affaire de temps, rien ne peut y suppléer. Mais l'adresse ou le mécanisme, qui est le résultat du temps, ne doit pas être confondue avec l'indépendance des doigts, qui est aussi une source d'adresse ou de mécanisme. C'est de celle-ci que nous nous occuperons exclusivement.

2° L'indépendance des doigts consiste dans leur liberté et leur force d'action, soit à se lever, soit à s'abaisser, et dans la négation absolue du besoin d'être accompagnés dans leurs mouvements par un ou plusieurs de leurs voisins. *La réunion de la force à la liberté compose l'indépendance;* il est indispensable de se rappeler cette définition pour l'intelligence de cet ouvrage.

L'indépendance des doigts a fait pendant longtemps le but de nos recherches et de nos études, mais nous sommes arrivé à sa source, et c'est d'un pas sûr, et sans crainte d'être démenti, que nous y conduirons toute personne qui vise à l'exécution de la musique instrumentale.

CHAPITRE II.

Pour peu que l'on ait réfléchi un instant à la résistance que l'on éprouve dans la main à l'exécution de la musique instrumentale, on s'aperçoit bientôt de la faiblesse inhérente à l'annulaire ou quatrième doigt, ou de sa dépendance.

Premier exemple : Si vous placez votre main sur le clavier d'un piano, dans la position voulue pour l'exécution, et qu'en maintenant le pouce et l'index baissés sur les touches, vous éleviez *à la fois* les trois autres doigts, c'est-à-dire, le médius, l'annulaire et le petit doigt, en ayant soin de développer complétement leurs mouvements d'élévation au-dessus des touches, ces trois doigts se prêteront parfaitement à développer leurs mouvements d'élévation.

Deuxième exemple: Si, au contraire, en replaçant la main dans la même position, on élève le médius, l'annulaire et le petit doigt, *l'un après l'autre*, en ayant soin de ne lever l'annulaire que lorsque le mé-

dius sera redescendu sur la touche, et ainsi du petit
doigt, on s'aperçoit que l'un des trois, l'annulaire,
ne peut plus atteindre au-dessus de la touche une
hauteur égale à celle à laquelle il est arrivé dans le
premier exemple, mais seulement le tiers ou le quart
de cette hauteur primitive.

Dans le premier cas, il a atteint une hauteur égale
à celle du médius et du petit doigt; il a donc un tendon extenseur d'une force égale à celle des tendons
extenseurs du médius et du petit doigt. Dans le second cas, il n'atteint plus que le tiers ou le quart de sa
hauteur primitive; or, si l'on admet, dans le premier
exemple, qu'il possède une force d'extension égale
à la force d'extension des deux autres, on est forcé
d'ajouter, dans le second, qu'elle est relative à la
position de ceux-ci.

Il est évident que cette force, égale dans un cas et
inégale dans un autre, tient à une cause anatomique
de relation, et que, si l'on venait à annihiler cette cause
de relation, cette force cesserait d'être inégale dans
le second cas, et continuerait à être égale dans tous
les deux.

Si l'on élève sur le clavier les cinq doigts de la
main, l'un après l'autre, en ayant toujours soin de
développer complétement leurs mouvements d'élévation, et de ne lever le second que lorsque le premier
sera redescendu sur la touche, et ainsi des autres,

on voit, de plus, que non-seulement le degré d'élévation de l'annulaire est le tiers ou le quart du degré d'élévation du médius et du petit doigt, mais encore que ce degré d'élévation est aussi le tiers ou le quart du degré d'élévation des autres doigts de la main (1).

C'est parce que l'annulaire ne peut s'élever au-dessus de la touche qu'au tiers ou au quart du degré d'élévation des autres doigts, que ce doigt n'a que le tiers ou le quart du degré d'indépendance des autres.

Si le degré d'élévation de l'annulaire au-dessus de la touche exprime réellement le degré de son indépendance, il est évident qu'en augmentant son degré d'élévation, nous augmenterons son indépendance.

La dépendance de l'annulaire provient de la présence de deux attaches (appelées en anatomie expansions aponévrotiques), attaches qui relient sa base aux bases du médius et du petit doigt, entravent son tendon extenseur dans le développement de son mouvement isolé d'extension ou d'élévation, et établissent ainsi une communauté et un accord remarquables dans les mouvements de ces trois doigts.

(1) La force d'extension des cinq doigts de la main n'est pas rigoureusement égale; celle de l'index et du petit doigt est plus grande que dans les trois autres, parce que ceux-ci sont pourvus de deux extenseurs.

Si cette assertion est vraie, il est hors de doute que, l'influence des attaches aponévrotiques étant détruite par un moyen quelconque, la force d'extension de ce doigt ne sera plus relative à la position de ses deux voisins, mais toujours égale à la force d'extension de ceux-ci.

Si le moyen que nous proposons permet d'approcher de ce but, nous croirons avoir rendu un grand service aux instrumentistes, car il est évident, que l'exécution de la musique instrumentale ne réclame pas des doigts une force d'ensemble et de relation, mais bien une force d'élévation et d'abaissement parfaitement indépendante et égale dans tous les doigts, étant appelés à s'élever et à s'abaisser toujours *successivement* et jamais *simultanément*.

On comprend facilement qu'un doigt ne peut s'abaisser sur la touche qu'autant qu'au préalable il a réussi à s'élever au-dessus d'elle : un coup est toujours le résultat de deux actions réunies, celle d'étendre ou de lever, celle de fléchir ou d'abaisser ; or, comment l'annulaire pourrait-il frapper une touche avec facilité, s'il ne pouvait au préalable s'élever au-dessus d'elle qu'avec difficulté ? Cette observation nous conduit à reconnaître que sa facilité pour s'élever au-dessus de la touche doit exprimer sa facilité pour la frapper.

Nous n'avons pas la prétention d'arriver à délivrer complétement l'annulaire de ses entraves; on ne peut annihiler, dans l'acception propre de ce mot, rien de ce qui est naturel ; mais nous sommes certain de lui donner, au bout d'une année d'étude, une indépendance égale à celle qu'il ne peut acquérir, par la méthode en usage, qu'au bout de vingt ans d'un travail soutenu.

Tel est le but que nous croyons avoir atteint par un moyen facile et logique; et, après avoir complété notre travail par l'addition de principes entièrement nouveaux, qui abrègent notamment le temps nécessaire à l'exécution, nous avons cru devoir le présenter aujourd'hui, sous le nom de nouvelle méthode instrumentale raisonnée.

Afin de convaincre notre lecteur que nous ne cherchons point à le flatter d'un vain espoir, nous jetterons un coup d'œil sur l'anatomie de la main, où nous trouverons à l'appui de notre théorie des preuves palpables et évidentes.

CHAPITRE III.

ÉTUDE ANATOMIQUE ET SCIENTIFIQUE DE LA MAIN, CONSIDÉRÉE DANS SES RAPPORTS AVEC L'EXÉCUTION DE LA MUSIQUE INSTRUMENTALE.

Planche 1. — Région palmaire de la main.
Deuxième couche.

A l'examen de la région palmaire de la main, nous ne découvrons rien qui puisse motiver le plus ou moins d'indépendance des doigts; on voit seulement que chacun est pourvu de deux tendons destinés à les faire fléchir : ils portent le nom de *tendons flé-chisseurs*. Les deux tendons de l'index, du médius, de l'annulaire et du petit doigt, sont, l'un, A, le tendon du muscle fléchisseur superficiel des doigts; l'autre, B, le tendon du muscle fléchisseur profond.

Il est vrai que l'on trouve, à la première couche de la région palmaire de la main, une aponévrose gé-nérale, appelée aponévrose palmaire, dont l'épais-seur ne laisse pas que d'opposer une certaine ré-sistance à l'indépendance générale des doigts; mais cette résistance s'harmonise merveilleusement avec l'indépendance particulière de chacun d'eux, et agit sur chacun comme résistance complémentaire et de second ordre. — Passons à la région dorsale.

Planche 2. — Région dorsale de la main.

Ici, comme dans la région palmaire, les doigts sont pourvus de tendons; ces tendons sont appelés à les faire étendre et portent le nom de *tendons exten-seurs*. Le pouce, l'index et le petit doigt en ont deux; le médius et l'annulaire n'en ont qu'un. De plus que dans la région palmaire, ces quatre derniers doigts sont reliés entre eux par des expansoins appelées expansions aponévrotiques A, B, C.

« Au niveau de l'extrémité inférieure des os méta-
« carpiens, dit M. Cruveilhier, les tendons du petit
« doigt, de l'annulaire et du médius communiquent
« entre eux par des expansions plus ou moins consi-
« dérables, et quelquefois par une véritable bifurca-
« tion. Le tendon de l'extenseur de l'index est seul
« libre : la communication du tendon du petit doigt
« avec le tendon de l'annulaire se fait au niveau de
« l'articulation métacarpo-phalangienne, à l'aide d'une
« bandelette transversale qui soulève la peau. » (Cruveilhier, *Anatomie descriptive*, 2ᵉ édit., tom. II,
p. 284.)

Ici M. Cruveilhier n'a pas cru devoir mentionner

la troisième expansion qui relie l'index au médius, à cause de son peu d'importance.

Le but de ces trois expansions est de relier les mouvements des doigts, d'y établir un certain accord, et de donner de l'ensemble aux forces de la main, ensemble nécessaire au travail manuel, auquel nous sommes appelés.

Deux de ces expansions, celle qui s'étend de l'annulaire au médius, et celle qui se dirige de l'annulaire au petit doigt, ont particulièrement pour but, d'abord, quand la main est ouverte, d'empêcher le médius et le petit doigt de fléchir complétement, sans l'annulaire ; et ensuite, quand la main est fermée, d'empêcher l'annulaire de s'étendre complétement, sans le médius et le petit doigt. Ces deux expansions établissent donc un accord très-sensible dans les mouvements de ces trois doigts, lorsqu'ils fléchissent ou s'étendent.

Si les tendons extenseurs, ainsi que les tendons fléchisseurs, agissaient sans se prêter un appui réciproque, la main n'aurait pas autant d'ensemble et de force, par cette raison devenue proverbiale, que l'union fait la force. Le singe, qui n'est point appelé au travail manuel, mais bien à se servir de ses cinq doigts comme de cinq crochets, ne devait point avoir besoin de cet appui; nous trouvons effectivement chez lui une indépendance parfaite dans chacun des doigts, et les tendons extenseurs dépourvus d'expansions aponévrotiques.

Dans tout exercice manuel qui exige de la force, on éprouve dans les doigts une facilité naturelle à les faire agir simultanément, et, dans celui qui ne demande que de la délicatesse, on ressent au contraire de la difficulté à les faire mouvoir successivement. La différence de ces deux sensations s'explique facilement par la présence des expansions aponévrotiques.

Nous reconnaissons, néanmoins, que l'aponévrose palmaire concourt très-notablement par sa résistance à la dépendance des doigts; mais cette résistance est toujours auxiliaire, et ne doit être considérée que comme une force de second ordre dans la simultanéité de leurs mouvements.

Il a été observé que les muscles fléchisseurs tendaient toujours, dans toute l'économie, à prendre le dessus des muscles extenseurs. Cette observation, jointe à celles ci-dessus, nous amène à reconnaître que rien n'est plus contraire et préjudiciable au talent de l'instrumentiste que l'exercice manuel qui exige de la force, parce qu'il fortifie tous les principes de la simultanéité des doigts et des forces de la main, et qu'il tend à développer davantage la tendance naturelle des fléchisseurs à prendre le dessus des extenseurs. Pour tout artiste observateur, l'expérience de chaque jour vient à l'appui de cette vérité.

Nous connaissons le but de la présence des expansions aponévrotiques dans la main de l'homme, revenons maintenant à leur étude.

L'épaisseur des trois expansions et leur rapprochement de la première articulation des doigts varient beaucoup entre elles. Elles diffèrent également de formes; celles sous lesquelles chacune se présente le plus ordinairement sont les suivantes :

L'expansion qui relie l'index au médius, A (pl. 2) est une lame tendineuse transversale, plate, très-ténue, et éloignée des premières articulations de ces deux doigts; celle qui rattache le médius à l'annulaire, B, est une bride tendineuse, oblique, du double d'épaisseur de la lame, et plus rapprochée que celle-ci des premières articulations de ces doigts; enfin, celle qui se dirige de l'annulaire au petit doigt, C, affecte la forme d'une bandelette transversale, d'une épaisseur triple de celle de la bride, et est au niveau ou près du niveau des premières articulations de ces doigts. Ces deux dernières expansions, dit M. Cruveilhier, constituent quelquefois une véritable bifurcation des tendons.

La direction de l'expansion B est souvent moins oblique et plus transversale, celle de l'expansion C est souvent presque perpendiculaire à la direction des tendons; dans ces deux cas, l'annulaire est encore plus dépendant.

Plus ces trois expansions sont épaisses et rapprochées des premières articulations des doigts, plus les doigts sont dépendants l'un de l'autre; conséquemment, le doigt le plus dépendant doit être celui dont les expansions aponévrotiques sont les plus épaisses et les plus rapprochées de sa première articulation; c'est donc, évidemment, l'annulaire ou le quatrième doigt.

Les deux expansions aponévrotiques B, C, qui devront fixer toute notre attention, ont été, dans la figure, coloriées en bleu clair; nous ne nous occuperons en aucune façon de la première, A, qui, à cause de son extrême ténuité et de sa position éloignée des premières articulations des deux doigts, en relie moins sensiblement les mouvements.

Dans une main normale, nous savons que l'annulaire ne peut atteindre toute son élévation au-dessus de la touche sans être accompagné, dans cette élévation, par le médius et le petit doigt; or, s'il est nécessaire de faire frapper simultanément deux touches blanches au médius et au petit doigt, et d'élever en même temps l'annulaire pour le préparer à en frapper une autre avec la même force, une noire, par exemple, ce doigt ne pourra développer son mouvement d'élévation avec une liberté égale à celle du médius et du petit doigt, retenu qu'il est par les deux expansions aponévrotiques qui le rattachent à ceux-

ci, et sa facilité pour la frapper, relative à son degré d'élévation, ne sera que la moitié de la facilité de
ces deux doigts; de plus, comme ce mouvement est
essentiellement anormal et contraire au but de la nature, il sera également réduit à la moitié de la vitesse des deux autres mouvements : on comprend
dès lors que, l'exécution réclamant de ce doigt le
même degré d'élévation ou la même facilité, pour
obtenir le même degré de force et le même degré de
vitesse que dans les deux autres, un combat sera
ouvert entre l'action de la volonté et la résistance des
expansions; celles-ci seront sollicitées à s'allonger
par une tension marquée, et, l'effort se réitérant, l'in-
flux nerveux s'épuisera, la fatigue surviendra, et, se
communiquant de proche en proche à toute la main
par ces expansions, elle aura bientôt réduit celle-ci
à l'état d'impuissance absolue.

Il est impossible qu'une corde soit tendue dans un
point et lâche dans tous les autres, ou, autrement dit,
qu'elle soit allongée par dilatation ou resserrée par
astriction dans un endroit, sans que tous les points
de cette corde ne soient allongés ou resserrés par les
mêmes effets; or, les expansions et les tendons sont
des cordes vivantes, et la fatigue une astriction réelle :
il est donc impossible que la fatigue survienne dans
l'annulaire, sans qu'elle ne se communique immédiatement et de proche en proche à tous les doigts.

Nous remarquerons que le quatrième doigt conserve le peu d'indépendance dont il est doué pour frapper les touches, quand ses deux voisins occupent simultanément une position relativement plus élevée et supérieure à la sienne, et qu'il la perd presque complétement, comme dans l'exemple ci-dessus, lorsqu'il cherche à s'élever pour frapper une touche noire, quand ceux-ci occupent simultanément une position relativement moins élevée et inférieure à la sienne, en frappant deux touches blanches. La raison de cette différence s'explique par la facilité que l'on ressent, la main étant ouverte, de fléchir presque entièrement l'annulaire en laissant ouverts le médius et le petit doigt, et par la difficulté que l'on éprouve, la main étant rouverte, de fléchir entièrement ces deux doigts en laissant ouvert l'annulaire.

La vitesse d'un mouvement naît de l'indépendance de ce mouvement, et croît avec elle; or, si la vitesse croît avec l'indépendance, et que l'indépendance ne se développe, dans l'annulaire, qu'en raison de son degré d'élévation au-dessus de la touche, il est évident que, plus ce degré d'élévation sera élevé, plus ses mouvements seront appelés à acquérir de vitesse et de rapidité.

Si le quatrième doigt est le doigt le plus faible, c'est évidemment celui qui, au même exercice, doit être le premier fatigué; or, si ce doigt est toujours le premier fatigué, et que la fatigue, au fur et à mesure qu'elle s'y développe, se communique aux autres doigts par les expansions, qui en rattachent les tendons les uns aux autres, il est également évident que ces quatre doigts cesseront d'obéir avant d'être fatigués par l'exercice propre de chacun d'eux, et bien par le fait de la fatigue que le quatrième doigt leur aura communiquée.

Après la dépendance de l'annulaire, comme cause de premier ordre, les dépendances des autres doigts de la main apparaissent comme causes de second ordre.

Celles-ci diffèrent de celle-là, en ce qu'elles réagissent peu sensiblement sur la dépendance de l'annulaire, et que celle-ci atténue très-sensiblement la résistance de celles-là. La dépendance du pouce est une difficulté de second ordre. La fatigue se développe d'autant moins vite dans l'annulaire que celui-ci est plus indépendant, et l'action de la volonté a d'autant plus de temps pour vaincre les résistances opposées par les autres doigts : c'est ainsi que nous entendons que le plus ou le moins de dépendance de ce doigt réagit sur celle des autres. La corrélation entre le médius, l'annulaire et le petit doigt est tellement directe et réciproque, qu'il est impossible néanmoins de ne pas reconnaître, pour ceux-ci, que donner de la liberté à l'annulaire, c'est immédiate-

ment en donner une égale au médius et au petit doigt;
mais cette corrélation doit être imputée à l'annulaire
plutôt qu'aux deux autres, à cause de la direction des
brides corrélatives.

Il y a dans la main des résistances de troisième
ordre, mais celles-ci ne se définissent par aucun défaut normal proprement dit, mais s'expliquent facilement par la présence de tous les moyens d'union de
l'ensemble des doigts et du corps de la main, et par
celle des muscles interdigitaux. Ce n'est que par
l'exercice de l'exécution proprement dite qu'on peut
vaincre ces résistances d'ensemble.

Les causes ou les difficultés de premier, de second
et de troisième ordre, apparaissent lorsque l'on étudie
un morceau pour la première fois; mais celles de second et de troisième ordre disparaissent au fur et à
mesure qu'on l'étudie davantage, et leur absence
rend ainsi plus évidente la présence de la difficulté de
premier ordre. Celles-là cèdent plus ou moins sous
l'influence de la volonté; mais les entraves opposées
à l'indépendance de l'annulaire y résistent toujours,
et semblent ainsi réclamer le concours d'un autre
moyen.

Il est possible de donner à l'annulaire un degré de
liberté égal à celui des autres doigts, mais impossible
de lui faire acquérir un degré rigoureusement égal
de force et de vitesse; une habitude anormale, quel-

que longue qu'elle soit, ne donnera jamais la vigueur d'une habitude normale.

Le but qu'on doit se proposer ne peut donc être que celui de lui donner toute l'indépendance dont il est susceptible; et c'est celui-là que nous croyons avoir atteint par un moyen rationnel, facile et prompt.

La méthode usuelle prétend que l'annulaire est plus faible que les autres doigts, et conseille d'en fortifier les tendons par les exercices qu'elle propose. Mais les tendons de ce doigt sont tout aussi forts et aussi développés que ceux des autres doigts; c'est ce que prouve l'anatomie de la main : nous ne voyons donc pas de raison pour chercher à les fortifier.

L'expérience est pour nous, dit-elle, et prouve jusqu'à l'évidence la faiblesse de l'annulaire. C'est ici qu'il s'agit de s'entendre : l'annulaire a une force égale à celle des autres doigts de la main dans son mouvement de flexion et dans celui d'extension; mais ses mouvements sont reliés avec ceux du médius et du petit doigt, et, selon le vœu de la nature, il doit agir simultanément avec ceux-ci, et non successivement : voilà pourquoi, ayant une force égale dans le premier cas, elle paraît inégale dans le second. Or, l'exécution ne réclame pas des doigts des mouvements simultanés, mais bien des mouvements successifs; il a donc en réalité une force égale, quoique paraissant inégale dans l'exécution.

Nous avons prouvé plus haut que la faiblesse apparente de l'annulaire tenait à une cause anatomique de relation; or les exercices de la méthode usuelle n'ont pas pour effet, comme elle le prétend, de fortifier les tendons de ce doigt, mais bien de lui donner plus de liberté dans son mouvement d'extension ou d'élévation, par la distension volontaire des expansions aponévrotiques, et de faire prendre en même temps à son tendon extenseur l'habitude de cette liberté.

Nous ne nions pas les résultats auxquels on arrive par cette méthode; mais ces résultats, obtenus à grand'peine au bout de vingt ans de pénibles efforts, ne sont que ceux que l'on obtient, par notre moyen, au bout d'une année d'étude, avec la plus grande facilité.

Si nous n'envisageons que l'annulaire, nous dirons que le but qu'on doit se proposer doit être de chercher à atténuer la résistance de ses expansions aponévrotiques, cause de sa dépendance et de sa faiblesse apparente; on donnera ainsi à ce doigt plus de liberté en donnant à son mouvement d'extension plus de développement. La liberté n'est pas la force, mais bien une condition de la force; on n'aura plus qu'à lui faire prendre l'habitude de cette liberté, et à développer cette force par l'exercice de l'exécution. La force de flexion de ce doigt, considérée sous le point de vue de l'exécution, est exactement relative à sa force d'extension; conséquemment, plus sa force d'extension sera grande, plus le sera aussi celle de sa flexion.

Mais on ne doit jamais envisager dans la main l'annulaire seul, mais bien la corrélation intime de ce doigt avec le médius et le petit doigt, ni espérer d'agir sur lui que par des mouvements combinés avec ceux-ci et simultanés avec eux, dont l'effet donne une liberté égale aux trois doigts.

Au milieu des mouvements multipliés des doigts de la main, il en existe un, bien plus difficile que tous les autres, et que toute la puissance de la volonté réunie ne peut arriver à faire exécuter : ce mouvement est l'élévation de l'annulaire, combinée avec l'abaissement simultané du médius et du petit doigt. Exemple :

Placez votre main dans la position voulue pour l'exécution sur les cinq touches d'un piano, *do, ré, mi, fa, sol;* touchez bien exactement le dedans de votre main avec les extrémités du médius et du petit doigt, et, dans cette position, élevez l'un après l'autre les doigts restant sur les touches, c'est-à-dire le pouce, l'index et l'annulaire; vous remarquerez que les mouvements d'élévation continuent d'avoir lieu dans le pouce et l'index, mais tout mouvement d'élévation possible a cessé complétement dans l'annulaire dans cette position anormale.

Le but des expansions de l'annulaire est d'établir de l'accord dans ses mouvements avec ceux du médius et du petit doigt; or, ce but devient de plus en plus sensible à mesure qu'on s'en éloigne davantage, c'est-à-dire à mesure que l'on abaisse ces derniers, et qu'on veut en même temps augmenter d'autant l'élévation de l'annulaire : l'on arrive ainsi à la position qui est, précisément, le plus en opposition avec le but de la nature, position que je nommerai anti-naturelle et antipathique par excellence.

L'exercice que ces trois doigts réclament pour être parfaitement indépendants et désunis, est indiqué naturellement par cette position anti-naturelle et antipathique par excellence à l'indépendance et à la désunion de ces mêmes doigts. Pour être conséquent et rationnel, tout exercice doit donc consister dans celui-là, et c'est lui précisément qui sert de base à notre méthode. La corrélation de l'annulaire avec le médius et avec le petit doigt est tellement intime, qu'en augmentant la liberté du premier, nous augmenterons d'autant la liberté des deux autres. Plus le mouvement d'extension isolé de l'annulaire sera développé et facile, plus seront développés et faciles les mouvements de flexion isolés du médius et du petit doigt; *c'est donc réellement sur trois doigts de la main sur cinq que l'effet du principal exercice de notre méthode se fait sentir.*

Nous avons dit plus haut qu'un coup était toujours le résultat de deux actions réunies, celle d'étendre ou de lever, celle de fléchir ou d'abaisser; nous ajouterons ici que, dans l'exécution, le degré de l'indépendance d'un doigt réside dans le degré de développement de ses deux mouvements isolés de flexion et d'extension, et dans celui de l'habitude du développement de ces mouvements.

Toutes choses étant égales, une grande main a toujours de la facilité pour exécuter ; et une petite, de la difficulté. Cette différence provient des différences de largeur de main et de longueur des doigts : une grande largeur de main diminue d'autant les écarts formés par les doigts sur les touches, écarts qui les forcent à dévier de leur direction normale, qui est la ligne droite, et les fatigue d'autant plus; quant à la longueur des doigts, je dirai que ceux-ci sont des leviers, dont la puissance est dans la volonté, et la résistance à la base des doigts; à puissance et à résistance égales, le levier le plus long, sollicité à se lever, donnera à son extrémité une plus grande hauteur, d'où résultera pour lui une plus grande force pour frapper la touche. C'est ainsi que les doigts les plus longs sont les plus forts. Une grande main a donc toujours de l'avantage sur une petite.

En considérant la base du doigt comme le point d'appui du levier, l'extrémité du doigt comme le point de résistance, et le bras comme la puissance, on pourrait objecter qu'un levier, à puissance égale, a d'autant plus de force que la résistance est plus rapprochée du point d'appui, et que les doigts courts ont cet avantage sur les doigts longs. Cette objection serait fondée, si l'augmentation de force résultant d'une plus grande hauteur ne compensait pas et au delà la perte de force résultant de la plus grande longueur de doigts.

Plus les tendons et les muscles de la main ont de souplesse naturelle, plus on éprouve de facilité à exécuter : les femmes ont cet avantage sur les hommes, et ressentent dans les doigts moins de résistance que ceux-ci à commencer l'étude d'un instrument ; mais ces derniers en ont deux, la largeur de la main et la longueur des doigts, avantages qui croissent à mesure que l'exécution se complique davantage ou demande plus de netteté. C'est ainsi qu'on explique pourquoi les femmes ne peuvent jamais arriver à la force d'exécution des hommes.

Afin de fixer le lecteur sur la valeur du moyen que je lui propose pour donner à l'annulaire toute l'indépendance dont il est susceptible, je vais répondre à une question qu'il pourrait m'adresser, et qui précisera mon opinion :

Toutes choses étant égales d'ailleurs, deux pianistes ont travaillé, l'un par la méthode usuelle, l'autre par celle que nous présentons aujourd'hui ; le premier étudie depuis vingt ans, cinq heures par jour en moyenne, et élève l'annulaire à 0^m, 03 au-dessus de la touche ; le second n'étudie que depuis un an, cinq heures par jour, et élève ce doigt à 0^m, 06. Quel est celui dont le doigt est le plus indépendant?

Il est évident que la liberté des deux doigts n'est pas égale, mais leur indépendance peut l'être. Le premier n'élève ce doigt qu'à 0^m, 03 au-dessus de la touche, mais ici le degré d'une habitude de vingt ans peut suppléer à une moins grande liberté ; le second élève son doigt à 0^m, 06, mais le degré de cette grande liberté, qui a accéléré particulièrement le développement de la force, supplée à la longue habitude du premier doigt.

Dans le premier cas, il y a plus d'habitude et moins de liberté ; dans le second, plus de liberté et moins d'habitude ; mais, comme l'indépendance d'un doigt consiste dans la réunion de l'habitude à la liberté, les deux doigts peuvent être également indépendants.

Il est bien entendu que je ne parle pas ici de l'adresse ou du mécanisme de l'instrument ; il ne peut être égal dans les deux pianistes avec une si grande différence de temps.

CHAPITRE IV.

RAISON DES DIFFICULTÉS QUE L'ON RENCONTRE DANS L'EXÉCUTION
DE LA MUSIQUE INSTRUMENTALE.

L'exécution de la musique instrumentale se divise en six grandes difficultés d'exécution :

La cadence, la tierce, la gamme ou le trait, l'accord, l'octave, les notes tenues et frappées avec les doigts de la même main.

DE LA CADENCE.

Une cadence sera toujours facile à exécuter avec les deuxième et troisième doigts, difficile avec les troisième et quatrième, très-difficile avec les quatrième et cinquième doigts ; la raison de ces différences s'explique très-facilement.

L'expansion aponévrotique qui relie le deuxième doigt au troisième, est une lame très-ténue et éloignée des premières articulations des doigts.

Celle qui rattache le troisième doigt au quatrième

est une bride d'une épaisseur double ou triple de la lame, et moins éloignée que celle-ci des premières articulations des doigts.

Celle qui se dirige du quatrième doigt au cinquième se montre sous la forme d'une bandelette, d'une épaisseur double ou triple de la bride, et est au niveau ou près du niveau des premières articulations de ces doigts.

On exécutera plus facilement la cadence de *sol* dièze et de *la* naturel avec les troisième et quatrième doigts, que celle de *sol* naturel et de *la* bémol avec les mêmes doigts, en raison de cette disposition naturelle au quatrième doigt de conserver son peu d'indépendance lorsque l'un de ses deux voisins ou les deux ensemble occupent simultanément une position supérieure à la sienne, et de la perdre presque entièrement lorsque le contraire a lieu.

DE LA TIERCE.

Quelque simple que soit une tierce, elle se composera toujours de mouvements normaux et de mouvements anormaux. *Exemple :*

Lorsque l'on frappe *ré* et *fa*, on exécute un mouvement normal, car rien n'empêche d'abaisser à la fois les deuxième et quatrième doigts et d'élever simultanément les troisième et cinquième ; mais le second mouvement est un mouvement anormal, car le quatrième doigt s'oppose à laisser abaisser librement les troisième et cinquième doigts, pour frapper *mi* et *sol*, lorsqu'il doit simultanément s'élever d'une manière suffisante pour frapper de nouveau, concurremment avec le deuxième doigt et avec une force égale, *ré* et *fa*.

Il est facile de rendre cette vérité encore plus sensible. *Exemple :*

Ces tierces sont plus difficiles que les précédentes, parce que le quatrième doigt s'oppose d'autant plus à laisser abaisser librement les troisième et cinquième doigts pour frapper *mi* et *sol*, qu'il est obligé simultanément de s'élever davantage pour frapper de nouveau, concurremment avec le deuxième doigt, et avec une force égale, *ré* et *fa* dièze. L'accord naturel des troisième, quatrième et cinquième doigts, se trouve ainsi rompu davantage.

DE LA GAMME OU DU TRAIT.

Si le quatrième doigt est moins indépendant et plus faible que les autres, une note sur cinq sera toujours plus tardive, plus faible, moins vigoureusement attaquée : on dira que le trait est inégalement fait. Si l'on veut dissimuler la faiblesse de ce doigt, on dépensera, pour le faire agir à l'égal des autres, une plus grande somme de volonté ; mais alors la fatigue se développera plus vite, et, se communiquant aux autres doigts, viendra augmenter l'inégalité du jeu. Le principe étant reconnu, nous ajouterons que ce n'est pas une note sur cinq, mais réellement trois sur cinq, qui seront toujours plus ou moins faiblement attaquées, la force du médius et du petit doigt étant toujours relative à celle de l'annulaire.

Le passage du pouce sous les doigts n'est qu'une difficulté de second ordre : la fatigue se développant d'autant moins vite dans l'annulaire que celui-ci est plus indépendant, l'action de la volonté a d'autant plus de temps pour vaincre les résistances opposées par ce doigt. Le pouce, à moins de faire tout seul les frais d'un exercice destiné à augmenter son indépendance, n'est jamais fatigué avant le quatrième doigt, et celui-ci l'est toujours avant celui-là.

De l'Accord.

Dans un accord, la position de la main est facile à tenir lorsque les doigts ne frappent que des touches blanches, à moins que celles-ci ne soient trop écartées ; elle devient particulièrement difficile lorsque le quatrième doigt est obligé de s'élever, pour éviter de frapper une touche noire, et que le troisième ou le cinquième, ou les deux à la fois, sont obligés de baisser simultanément. *Exemple :*

Main droite : Si le quatrième doigt ne peut pas se lever facilement, pour éviter le *la* bémol, il le touchera légèrement, et l'accord sera faux ; les deux notes *fa* et *si* bémol ne peuvent être attaquées franchement et nettement avec les troisième et cinquième doigts, qu'autant que le quatrième doigt, tout en s'élevant à une hauteur suffisante pour éviter le *la* bémol, leur a laissé une grande liberté. Cette difficulté est rendue également évidente à la main gauche.

De l'Octave.

L'octave est tout à la fois une difficulté de doigts, de grandeur de main et de poignet.

C'est une difficulté de doigts ; parce que, dans les octaves, le quatrième doigt est constamment élevé pour éviter de toucher les notes noires du clavier, et le petit doigt constamment abaissé ; que c'est évidemment là une position anormale pour ces deux doigts, parce qu'elle opère une tension marquée sur l'expansion aponévrotique qui les relie, expansion dont le but est de les faire marcher ensemble, et de leur faire prendre, dans ce cas, une position analogue et non opposée. De la tension résulte la fatigue, qui, se développant à l'ouverture de ces deux doigts, se communique au fur et à mesure à toute la main, aux doigts et au poignet, par la loi de la transmission.

C'est une difficulté de grandeur de main ; parce que plus la main est grande, plus elle conserve de sa hauteur au-dessus des touches ; moins elle se trouve étendue en frappant l'octave, et moins ses tendons, ses expansions et ses muscles perdent de leur souplesse naturelle : une main grande éprouve d'autant plus de facilité à prendre l'octave, que l'octave est pour les grandes mains ce que la sixte est pour les petites.

C'est une difficulté de poignet ; parce que plus les tendons et les muscles sont doués naturellement de souplesse ou d'élasticité, plus ils conservent de cette souplesse ou de cette élasticité dans leur passage au poignet, dans la tension qu'opère sur eux la position de l'octave. Une petite main soutiendra toujours péniblement l'octave, quelque souples que soient ses tendons et ses muscles; et une grande le soutiendra toujours plus facilement, de quelque peu de souplesse que ses tendons et ses muscles soient doués.

A grandeur de main et à souplesse de muscles égales, le pianiste qui aura le quatrième doigt le plus indépendant, sera celui qui soutiendra le plus long-temps les octaves, et qui les exécutera avec le plus de netteté, de force et de vitesse.

DES NOTES TENUES ET FRAPPÉES AVEC LES DOIGTS DE LA MÊME MAIN.

La raison de cette difficulté réside dans la gêne produite par la position même, gêne qui vient diminuer la liberté des doigts. Lorsque trois doigts de la main, par exemple, viennent à agir, ils y impriment une légère secousse, qui réagit sur les autres; mais. si en même temps ceux-ci sont obligés de tenir deux autres notes, la secousse reste comprimée dans l'intérieur de la main, et la réaction naturelle n'a plus lieu; de là, la fatigue, qui, se développant plus vite dans le doigt le plus faible, commence par engourdir le quatrième doigt, et finit par engourdir tous les autres.

Quoique le pouce soit très-éloigné de l'annulaire.

il n'en est pas moins vrai qu'il a une relation intime avec lui, et que la fatigue se développe, par transmission dans ce doigt, sous l'influence de l'annulaire : toute difficulté de cadences ou de tierces double immédiatement de valeur, du moment qu'on y ajoute la tenue d'une note par le pouce, et engourdit très-vite ce doigt ; si le pouce, le plus éloigné de l'annulaire, a avec lui une relation aussi intime, et se fatigue sous son influence, à plus forte raison les autres doigts, moins éloignés que lui, et ayant avec celui-ci une relation plus directe et plus intime, se fatigueront-ils sous la même influence.

Si le lecteur nous a prêté attention dans la définition anatomique et scientifique des six grandes difficultés d'exécution de la musique instrumentale, il sera surabondamment prouvé pour lui, comme pour nous, que : *le défaut d'élévation de l'annulaire étant directement la source de sa faiblesse ; par relation, la source de la faiblesse du médius et du petit doigt, et, par suite, celle de la fatigue éprouvée dans l'exécution des difficultés sus-énoncées, ce défaut doit être également et incontestablement la source de la même faiblesse et de la même fatigue ressentie dans l'exécution des morceaux ; car celle-ci n'est, à proprement parler, qu'une combinaison intime de cadences, de tierces, de gammes ou de traits, d'accords, d'octaves, et de notes tenues et frappées avec les doigts de la même*

*main, variés à l'infini, décomposés, altérés et en-
tremêlés.*

Du Poignet.

Cette difficulté n'est pas, dans son principe, une difficulté de doigts.

Lorsque la petitesse de la main n'est pas telle qu'elle soit étendue en frappant, par exemple, *ut, mi, sol*, et que l'on veut répéter cet accord du poignet, il est naturel de penser que, plus est grande la souplesse naturelle des muscles et des tendons, plus sera grande la facilité que l'on éprouvera pour opérer cette répétition avec vitesse ou la prolonger longtemps.

CHAPITRE V.

DÉFINITION DE LA NOUVELLE MÉTHODE INSTRUMENTALE ET DE SON
PRINCIPAL EXERCICE.

Nous avons établi en principe que c'était dans la
présence des deux expansions aponévrotiques (attaches qui, reliant les tendons extenseurs des troisième, quatrième et cinquième doigts, paralysent
plus ou moins le mouvement isolé d'extension ou
d'élévation du quatrième doigt et ceux de flexion
isolés du médius et du petit doigt, et établissent une
dépendance et un accord très-notables dans les mouvements de ces trois doigts) ; nous avons établi, dis-je,
en principe, que c'était dans la présence de ces entraves que résidait particulièrement la grande résistance
que l'artiste trouvait dans sa main à exécuter les difficultés de la musique instrumentale ; conséquemment,
nous ferons consister le principal exercice de notre
méthode à atténuer la résistance de ces expansions

aponévrotiques, afin de rompre ainsi l'accord de ces trois doigts dans leurs mouvements.

De tous les moyens employés par la médecine pour affaiblir une bride tendineuse, le seul applicable dans ce cas est le procédé par distension ou allongement.

Opérer sur les expansions aponévrotiques une tension souvent réitérée et soutenue pendant un temps donné; les amener, par degrés insensibles, à s'étendre et à s'allonger par le même moyen, qui tendra à établir dans le quatrième doigt un mouvement d'élévation, combiné avec l'abaissement simultané des troisième et cinquième doigts, ou, autrement dit, diminuer, par une extension graduée et quotidienne, la vitalité de ces deux expansions, pour laisser fonctionner plus librement le tendon extenseur de l'annulaire et les tendons fléchisseurs des deux autres, tel est notre moyen et le principal but de l'exercice de notre méthode.

Planche 3. — Figure II.

A A. Deux coussins perpendiculaires et parallèles s'avançant ou se retirant à volonté, au moyen de deux vis, dont l'une, B, est visible dans le plan.

C C. Deux ailes tournant sur charnières, s'ouvrant à volonté, et formant un angle dont le sommet est à la naissance des doigts.

D. Support armé de chaque côté d'une crémaillère E, sur laquelle se fixe à volonté la tige F, destinée à ouvrir les ailes.

En desserrant les deux vis, dont l'une est visible dans la figure, on fait place à la main que l'on veut exercer; puis on défait les deux tiges des ailes, et l'angle formé devient aigu; on entre alors la main, et l'on dispose ses doigts de manière à ce que l'un, le quatrième doigt, G, repose le long de l'une des ailes, et que les trois autres, H I J, s'appliquent contre l'autre aile. Ainsi qu'on le voit, deux petits supports sont en relief sur la partie inférieure des ailes, pour recevoir tour à tour, l'un, le quatrième doigt, qui doit reposer dessus; l'autre, le cinquième doigt, qui doit s'étendre le long de ce support. Le pouce n'est pas compris dans l'exercice. On serre les coussins sur la main, de façon à l'empêcher de reculer, mais non pas assez pour l'engourdir, et l'on porte la tige de chaque aile au point marqué sur le plan par le numéro 12.

Lorsque le sentiment de cette première tension ne sera plus sensible, on amènera l'une des deux tiges ou les deux à la fois au numéro 11, chaque aile pouvant s'ouvrir plus ou moins, à volonté; on restera ainsi à chaque point, jusqu'au moment où l'on croira pouvoir passer sans peine au point supérieur ; car *rien ne devra guider en cela que le sentiment seul de la personne elle-même.*

Le deuxième doigt, J, compris dans l'exercice, n'en retire aucun profit ; mais il est nécessaire qu'il prenne cette direction, pour la plus grande distension des brides aponévrotiques de l'annulaire.

Les détails dans lesquels nous venons d'entrer pour l'exercice d'une main, s'appliquent exactement à l'exercice de l'autre.

Il faut donner la plus grande attention à ce que la peau de l'ouverture des doigts soit le plus possible en contact avec le sommet de l'angle ou la charnière des ailes, afin de ne point se faire illusion sur l'angle que les doigts décrivent.

Le temps pendant lequel la main restera soumise à cet exercice, est entièrement facultatif, et relatif à la résistance que l'on éprouvera dans les doigts ; plus il sera long et réitéré, plus l'effet sera sensible. On devra exercer chaque main régulièrement tous les jours, au moins pendant 15 minutes, au plus pendant 30.

Comme on ne doit jamais passer brusquement à une position normale, d'une position anormale à laquelle on est arrivé graduellement, on aura soin de retirer *lentement* les mains de l'instrument, en desserrant la main, et refermant les ailes petit à petit.

Dès que la main se trouve débarrassée, on éprouve immédiatement dans l'annulaire plus de liberté dans son mouvement d'extension, mais aussi un léger sentiment de faiblesse, sensible dans son mouvement de flexion. Ce sentiment de faiblesse provient d'une distension légère des tendons fléchisseurs du doigt; distension indispensable, pour permettre au tendon extenseur de ce doigt de développer plus facilement ses mouvements d'extension dans l'exécution.

Ce léger sentiment de faiblesse n'est que momentané; il ne se fait plus sentir lorsque l'annulaire a pris l'habitude de cet exercice.

Il est nécessaire de laisser reposer la main après qu'on l'a exercée; en général, on ne doit pas exécuter immédiatement après : beaucoup de personnes se trouvent bien d'attendre deux ou trois heures, plus encore, d'exercer le soir, et d'exécuter le lendemain.

On arrivera ainsi, au bout de plusieurs mois, à former sur les ailes un angle obtus, dont les deux lignes finiront par se rapprocher de la ligne droite.

Je ne saurais trop recommander de *graduer* la difficulté de cet exercice. Dans l'économie, comme dans la nature, tout se gradue, et rien ne marche par des transitions brusques, mais bien par une suite de modifications et de nuances insensibles. Le temps, et la régularité quotidienne que l'on y mettra, atténueront la résistance des doigts d'une manière plus sûre et plus fructueuse que ne l'eût fait l'effort que l'on eût tenté pour atteindre un degré supérieur.

On ne devra jamais exercer, quand la main sera froide, on éprouverait alors une trop grande résistance.

Après un espace de temps de douze, dix-huit ou vingt-quatre mois, on arrivera, la main étant captive dans l'instrument, à former, plus ou moins exactement avec les doigts, deux angles droits, dont l'un sera décrit par l'annulaire avec la région dorsale de la main, et l'autre par les trois autres doigts avec cette même partie de la main; et lorsque la main sera libre, et qu'on la placera sur les touches d'un clavier, dans la position voulue pour l'exécution, *l'annulaire, en s'élevant isolément, atteindra une hauteur égale à celle du médius.* Tel est le but auquel on doit tendre, pour donner à ce doigt toute l'indépendance dont il est susceptible; telle est la limite que l'on ne devra point chercher à dépasser; telle est la hauteur que l'on devra chercher à lui conserver, par l'exercice des doigts dans l'instrument, si l'on ne veut pas laisser la nature revendiquer petit à petit ses droits.

Il est naturel de penser qu'il faudra alors consacrer beaucoup moins de temps à l'exercice des doigts dans l'instrument, pour conserver à l'annulaire toute l'indépendance qu'il aura acquise, qu'il n'en aura fallu pour la lui faire acquérir, et qu'il suffira de soumettre sa main à cet exercice tous les 3 ou 4 jours.

Deux grandes résistances s'opposent, ainsi que nous l'avons dit, au développement du mouvement isolé d'extension de l'annulaire : 1° celle des expansions aponévrotiques ; 2° celle de l'aponévrose palmaire.

La résistance de l'aponévrose palmaire s'harmonise toujours merveilleusement dans un doigt avec celle de l'expansion ou des expansions aponévrotiques de ce doigt. Cette seconde résistance est toujours dans un doigt relative à la première, et subordonnée à celle-ci, dans le dessein de la nature. Les parties de l'aponévrose palmaire qui opposent le plus de résistance au développement du mouvement isolé de l'annulaire, sont : le ligament transversal, et ses prolongements interdigitaux. Il est facile de voir que, dans l'exercice auquel nous soumettons ce doigt, ces parties se trouvent fortement distendues.

Il est important de s'entretenir parfaitement les mains, et de les laver régulièrement avec les choses les plus propres à en adoucir la peau, pour faciliter l'extension du ligament transversal et des prolongements interdigitaux de l'aponévrose palmaire.

Nous avons dit plus haut que, dès que l'on avait retiré les mains de l'instrument, on éprouvait immédiatement dans l'annulaire plus de liberté dans son mouvement d'extension, mais aussi un léger sentiment de faiblesse, sensible dans son mouvement de flexion, et que ce sentiment de faiblesse, qui n'était que momentané, provenait de la distension légère, mais indispensable, des tendons fléchisseurs de ce doigt. A l'appui de cette assertion, nous ferons remarquer qu'il y a dans l'économie une harmonie tellement parfaite entre les tendons extenseurs et les tendons fléchisseurs, qu'il est impossible d'augmenter le développement des tendons d'extension sans distendre légèrement, et au fur et à mesure, les tendons de flexion.

Si, dans les mouvements normaux des doigts, il y a une harmonie tellement parfaite, qu'il soit impossible d'augmenter le développement de l'extenseur sans distendre légèrement et au fur et à mesure le fléchisseur, à plus forte raison, dans les mouvements anormaux des doigts, est-il impossible d'augmenter le développement de l'extenseur sans distendre au fur et à mesure le fléchisseur, puisque cette harmonie se trouve détruite davantage.

Nous rappellerons ici cette loi de physiologie si bien reconnue : que les tendons fléchisseurs tendent toujours dans toute l'économie à prendre le dessus des tendons extenseurs.

Non-seulement dans les mouvements normaux ou anormaux des doigts, il est impossible d'augmenter le développement de l'extenseur, sans distendre au fur et à mesure le fléchisseur, en raison de l'harmonie parfaite qui existe entre ces tendons, mais je dis, de plus, que cette distension est indispensable, nécessaire et conforme au vœu de la nature.

Si les tendons fléchisseurs de l'annulaire tendent naturellement à dominer le tendon extenseur de ce doigt, à plus forte raison ces tendons, s'ils n'étaient pas légèrement distendus dans le développement normal, mais plus considérable et inhabituel de l'extenseur de ce doigt, auraient-ils plus de facilité à retenir et à dominer cet extenseur, dans le développement plus considérable et inhabituel de ce mouvement.

Si, dans le développement normal, mais plus considérable de l'extenseur de ce doigt, il est nécessaire de distendre légèrement les fléchisseurs, à plus forte raison, dans le développement isolé de l'extenseur du même doigt, cette distension est-elle nécessaire, puisque le développement de ce mouvement isolé est anormal.

Si les tendons fléchisseurs de l'annulaire n'étaient pas distendus, dans le mouvement isolé d'extension de ce doigt, la puissance de ceux-ci augmenterait, non pas d'une manière absolue, mais d'une manière relative, au fur et à mesure que le développement d'extension de ce doigt serait plus considérable, parce que celui-ci deviendrait au fur et à mesure plus anormal, et cette augmentation relative et croissante neutraliserait presque entièrement tout effort de l'extenseur.

C'est donc, d'abord, parce qu'il y a dans les doigts une harmonie parfaite entre les fléchisseurs et les extenseurs, et ensuite, parce que les fléchisseurs tendent toujours à dominer les extenseurs, qu'il est impossible d'augmenter le développement des tendons d'extension sans distendre au fur et à mesure les tendons de flexion, et que cette distension, pour arriver à un développement plus considérable des mouvements d'extension, est nécessaire, indispensable et conforme au vœu de la nature.

D'une distension soutenue, résulte nécessairement une extension ou un allongement.

L'extension plus ou moins considérable des fléchisseurs ne diminue en rien la tendance naturelle de ceux-ci à dominer les extenseurs; et *cette tendance naturelle explique pourquoi ce sentiment de faiblesse, éprouvé dans le doigt, ne peut être que momentané, et pourquoi il s'éteint très-vite.*

A l'appui de ces raisonnements, *je puis donner une preuve irrécusable de la nécessité de distendre les tendons fléchisseurs, lorsque l'on veut augmenter la force de l'extenseur, dans l'INSTINCT qui porte tous les instrumentistes à appuyer fortement l'annulaire sur les meubles qui se trouvent à leur portée, lorsqu'ils cherchent à en augmenter la force. Lorsque ce*

doigt est resté pendant un moment dans cette position, on y éprouve immédiatement après plus de
liberté dans son mouvement d'extension, mais aussi
un léger sentiment de faiblesse, sensible dans son
mouvement de flexion. Ce sentiment de faiblesse ne
peut provenir évidemment que de la distension légère
des tendons fléchisseurs de ce doigt.

*Cet appui instinctif opère simultanément une ex-
tension marquée sur les expansions aponévrotiques
de l'annulaire, sur le ligament transversal et les prolongements interdigitaux de l'aponévrose palmaire,
et une extension légère sur les tendons fléchisseurs du
doigt, dont on vient de parler. C'est cet appui instinctif qui a servi de base à notre méthode, et c'est lui qui
nous a donné tout à la fois, et l'indication naturelle,
et la preuve irrécusable de l'utilité de notre exercice
particulier pour ce doigt.*

L'effet le plus important de l'instrument est d'opérer une tension marquée sur les expansions aponévrotiques de l'annulaire, et par suite une extension
ou un allongement sur celles-ci, de délivrer ainsi ce
doigt des entraves qui s'opposent à l'entier déploiement de son mouvement isolé d'extension ou d'élévation, de le douer de la liberté, et de permettre à la
force de se développer dans son tendon extenseur,
par suite de l'exercice donné dans l'exécution, force
dont le développement est toujours d'autant plus

grand et d'autant plus prompt, que le déploiement du mouvement d'extension de ce doigt est plus considérable. Nous savons que, plus le mouvement d'extension isolé de l'annulaire est développé et facile, plus seront développés et faciles les mouvements de flexion isolés du médius et du petit doigt; et il est incontestable que, *toutes choses étant égales, le développement de la force dans les doigts est proportionnel à la liberté qu'on leur donne, et toujours d'autant plus grand et d'autant plus prompt, que le développement de leurs mouvements d'extension et de flexion est, dans l'exécution, plus considérable.* Or, qu'arrive-t-il?

L'extension, produite sur les deux expansions, se prolonge par le fait même de l'exercice des mêmes doigts dans l'exécution, dans laquelle les mouvements de ceux-ci, toujours successifs, et jamais simultanés, tendent à atténuer la simultanéité d'action, causée par la présence de ces entraves; de plus, l'exercice de l'exécution du morceau développe d'autant plus la force du tendon extenseur de l'annulaire, et celle des tendons fléchisseurs du médius et du petit doigt, que ceux-ci sont devenus plus libres, et le déploiement de leurs mouvements plus considérable; on arrive donc à voir clairement, qu'au bout d'un temps plus ou moins long, les termes du rapport de la résistance à la puissance, dans ces trois doigts, doivent se trouver entièrement changés.

Voilà pourquoi, lorsqu'on ne commence pas par délivrer les doigts de leurs entraves, avant de les exercer, ainsi qu'on l'omet dans la méthode usuelle, on n'arrive qu'au bout de vingt ans de pénibles efforts au résultat que l'on peut atteindre, par notre moyen, au bout d'une année d'étude.

Il y a un doigt dans la main que l'on n'exerce jamais particulièrement, c'est l'index, parce que c'est celui précisément dont les mouvements de flexion et d'extension sont les plus étendus.

Pour donner à l'annulaire et à ses deux voisins toute l'indépendance dont ils sont susceptibles, il ne suffit donc pas de soumettre ces doigts à l'exercice que je propose ; mais l'exécution des morceaux doit suivre, et la force que celle-ci fera développer, en proportion de la liberté de ceux-ci, abrégera le temps habituel nécessaire à la netteté de leur exécution.

L'exécution de la musique instrumentale réclame de chaque doigt trois qualités essentielles : la liberté, la force, l'adresse. Notre instrument donne à l'annulaire, au médius et au petit doigt, toute la liberté dont ils peuvent jouir, par suite de l'extension des expansions aponévrotiques, et de l'aponévrose palmaire ; l'exercice de l'exécution, qui suit, développe la force dans leurs tendons, en raison de la plus

grande étendue donnée à leurs mouvements; et l'exécution, proprement dite, les rend d'autant plus
adroits, que la liberté et la force sont, avec le temps,
les trois sources de l'adresse. La liberté et la force des
mouvements de flexion du médius et du petit doigt
sont corrélatives avec la liberté et la force du mouvement d'extension de l'annulaire; c'est donc *sur trois
doigts de la main, et de plus sur la partie faible de
la main, que l'effet de notre instrument se fait directement sentir.*

L'indépendance de l'annulaire est d'autant plus
nécessaire que, dans l'exécution, il sert souvent de
doigt d'attaque. On arrivera d'autant plus facilement, par notre méthode, à obtenir ce qu'on a appelé
vulgairement *coups de fouet*, que ceux-ci ne sont
dus qu'à une grande énergie de l'annulaire et du petit
doigt.

Si nous nous arrêtons un instant ici pour réfléchir :

Premièrement, sur l'importance propre de l'indépendance de l'annulaire dans les difficultés de
l'exécution ;

Deuxièmement, sur l'impossibilité où l'on est de
pouvoir augmenter l'indépendance du médius et
du petit doigt, autrement qu'en augmentant l'indépendance de l'annulaire ;

Troisièmement, sur cette autre impossibilité de
ne pouvoir augmenter l'indépendance de l'index et

du pouce, autrement qu'en augmentant l'indépendance des trois doigts ci-dessus, à cause de cette loi de transmission de la fatigue, en vertu de laquelle, moins l'annulaire et ses deux voisins se fatiguent vite, plus est long le temps laissé à l'action de la volonté pour vaincre les résistances opposées par ces deux doigts;

Si nous nous arrêtons, dis-je, un instant sur la conséquence de ces faits, nous arriverons inévitablement à proclamer cette grande vérité, inconnue jusqu'ici :

QUE L'ANNULAIRE EST LA CLEF DE LA MAIN.

L'indispensabilité des exercices, reconnue dans la méthode usuelle, est remplacée dans la nôtre par l'emploi de notre instrument, qui donne aux doigts la liberté, et l'exécution des morceaux, qui y développe la force ; néanmoins, il est bon et utile d'y joindre l'étude de quelques exercices, particulièrement destinés à accélérer le développement de cette force. Je proposerai donc aux artistes qui voudront travailler avec tout le fruit possible, l'étude de quelques-uns plus raisonnés et plus efficaces que ceux connus jusqu'à ce jour, parce qu'ils sont basés sur la connaissance de l'anatomie de la main.

Premier exemple : MAIN DROITE : Frappez continuellement *sol* dièse avec le quatrième doigt, pendant que vous tiendrez avec les autres *ré, mi, fa, si.*

Main gauche : Frappez également *sol* dièse avec le même doigt, en tenant *fa, si, do, ré*.

Deuxième exemple :

On doit faire cet exercice en maintenant continuellement le pouce baissé sur les touches.

A ces deux exemples, nous pourrions en ajouter plusieurs autres, mais nous nous contenterons de faire remarquer les principes sur lesquels ils reposent, et qui doivent servir de règle dans tous ceux que l'on peut proposer.

Premier principe. Le quatrième doigt doit agir simultanément avec le troisième ou le cinquième doigt, ou avec les deux à la fois, mais toujours en sens contraire, et frapper généralement les touches noires du clavier, à cause de leur position supérieure, et non les touches blanches, qui doivent être réservées à ceux-ci, à cause de leur position inférieure. Ce principe dérive de la résistance naturelle du quatrième doigt à s'élever isolément, lorsque ses deux voisins s'abaissent simultanément.

Deuxième principe. Les troisième et cinquième doigts doivent frapper ou tenir les touches dans une direction oblique avec celle du quatrième doigt. Dans cette position, les expansions aponévrotiques sont légèrement tendues, et l'élévation du quatrième doigt plus difficile.

Troisième principe. On doit occuper tous les doigts de la main, les uns, à frapper les touches, les autres, à les tenir baissées. La secousse légère, imprimée à l'intérieur de celle-ci, par le fait des doigts en action, s'y trouve comprimée par la fixité des autres, et la gêne qui en résulte, contrarie d'autant l'indépendance de l'annulaire.

Tous les exercices propres à développer la force des tendons des doigts donnent des résultats d'autant plus efficaces et d'autant plus prompts, qu'on a atténué davantage, par l'emploi de notre instrument, les résistances qui s'opposent dans ceux-ci au développement de cette force.

Le monde musical se sert très-souvent d'une expression dont il ne me paraît pas sentir la portée. Que signifie cette phrase : Avoir un morceau dans les doigts? Elle signifie que l'on a vaincu, jusqu'à concurrence du degré de force où l'on est arrivé, les résistances opposées par les difficultés de premier, de second et de troisième ordre, combinées dans un arrangement donné, en imprimant dans la main autant de plis qu'elle a rencontré de positions diverses, plis qu'elle conserve momentanément.

Or, un pli dans la main, de même que dans une étoffe, se forme d'autant plus vite, qu'il est plus marqué; il s'ensuit donc, qu'on devra apprendre un morceau d'autant plus vite, qu'on indiquera ou marquera davantage les plis de la main, en envoyant dans les doigts une plus grande somme de volonté.

Le rapport de la somme de volonté avec la durée du temps, et ses conséquences, ont échappé jusqu'ici à l'observation de nos artistes exécutants; la durée du temps est en raison inverse de la somme de volonté dépensée. Si un passage d'un morceau exige, pour être exécuté nettement, deux heures d'étude, avec une somme de volonté représentée par 1, il n'exigera plus qu'une heure, avec une somme de volonté représentée par 2. Il y a donc ainsi économie de la moitié du temps, et les résultats d'une étude de deux heures peuvent être égaux à ceux d'une étude de quatre.

L'exécution sur un clavier dur ou plombé est reconnue avantageuse par tous les artistes; elle ne l'est réellement que parce qu'elle contraint à faire dépenser une plus grande somme de volonté, dont l'effet est de développer davantage les mouvements des doigts, et de former dans la main des plis plus marqués, qui atténuent d'autant plus vite les résistances opposées par les difficultés combinées des trois ordres; nous en conclurons donc, qu'une exécution *forté*, sur un clavier mou, doit donner les mêmes résultats qu'une exécution *piano* sur un clavier dur, lorsque la première amène à dépenser une somme de volonté égale à celle que force de dépenser la seconde.

Lorsque l'on a appris un morceau sur un clavier dur, on peut l'exécuter sur un clavier mou; et lorsqu'au contraire l'on a appris ce morceau sur un clavier mou, on ne peut l'exécuter sur un clavier dur. La facilité que l'on ressent dans le premier cas, et la difficulté que l'on éprouve dans le second, ne peuvent s'expliquer que par la différence ou le chiffre de la somme de volonté dépensée dans les deux.

On se trouvera toujours entraîné à jouer plus fort, à mesure qu'on déploiera une plus grande volonté, et les secousses presque insensibles, mais multipliées, que les points d'arrêt des touches feront éprouver à la main, réagiront avantageusement sur elle, et tendront à disjoindre l'ensemble de ses forces.

Quand on a vaincu une difficulté, en l'étudiant forté, on peut immédiatement l'exécuter piano, à une légère étude près; étudiée piano, elle ne peut être exécutée forté; c'est une nouvelle étude. D'où il s'ensuit naturellement, que tout morceau, pour arriver à en posséder parfaitement les difficultés, doit être étudié forté. Ce n'est qu'après ce travail qu'on doit commencer à en nuancer les phrases.

Il est bien entendu que la pente naturelle, qui entraîne à jouer plus fort, à mesure que l'on envoie dans les doigts une plus grande somme de volonté, ne doit s'entendre ainsi que dans l'étude des instruments où la main fait tous les frais de l'exécution; il est évident que sur la flûte, par exemple, on devra se contenter de chercher à former dans la main les plis, qu'amènent dans celle-ci ses positions diverses sur l'instrument, en les indiquant et les marquant davantage.

Lorsque l'on a appris un morceau sur un clavier qui opposait un peu de résistance, et que l'on veut l'exécuter sur un clavier qui en oppose un peu moins, on éprouve dans les mains une grande légèreté pour l'exécution de ce morceau, parce que la somme de volonté dépensée pour l'apprendre sur le premier clavier a été plus élevée qu'elle ne l'eût été sur le second, et a atténué davantage les résistances opposées par les forces combinées des trois ordres. Un jeu lourd est celui où ces résistances ne sont pas suffisamment brisées.

Pour arriver au plus vite à toute la netteté désirable de l'exécution, il est donc indispensable, si non de jouer forté, du moins de *développer autant que possible tous les mouvements extenseurs et fléchisseurs des doigts dans l'exécution.*

Pour être indépendants, les doigts ont besoin de liberté et de force : l'instrument donne au médius, à l'annulaire et au petit doigt, toute la liberté possible, mais l'exécution, seule, peut leur donner la force, et le développement de cette force est, ainsi que nous l'avons déjà dit, toujours d'autant plus grand et d'autant plus prompt, que le développement de leurs mouvements d'extension et de flexion est, dans l'exécution, plus considérable.

La main devient plus gracieuse, sur le piano, au fur et à mesure que les résistances opposées à la netteté de l'exécution s'atténuent davantage par l'étude, et l'exercice des doigts dans l'instrument.

Pour arriver le plus promptement possible à exécuter une difficulté dans un passage donné d'un morceau, des tierces, par exemple, il ne faut pas étudier des tierces en général, mais exclusivement celles qui font l'objet de la difficulté de ce passage, concurremment avec les mesures qui les précèdent, et dans l'ordre où elles sont amenées.

Afin que cette méthode puisse être appliquée avec tout le fruit possible, j'ai réuni ici les divers cas des indications naturelles, qui serviront de règle et de mesure, pour le temps que l'on devra consacrer à l'exercice de la main dans l'instrument.

On aura d'autant plus besoin de cet exercice :

1° Que la main sera plus petite.

2° Qu'elle sera plus étroite.

3° Que sa force d'ensemble sera plus grande; que

l'on pensera avoir les expansions aponévrotiques plus épaisses, et que celles-ci seront plus rapprochées des premières articulations des doigts.

4° Que la direction de ces expansions sera plus perpendiculaire à la direction des tendons.

5° Que les doigts seront plus courts.

6° Que la peau de l'ouverture des doigts sera plus éloignée de leurs premières articulations.

7° Que leurs tendons seront plus privés de souplesse.

8° Que l'on sera plus obligé à un exercice manuel, et que celui-ci sera plus rude.

9° Que l'on aura moins de facilité à ouvrir complétement la main.

Les résultats que l'on doit attendre de cet instrument sont d'autant plus faciles à obtenir, que l'on est plus jeune; les enfants trouvent une extrême facilité à faire cet exercice, à cause de la souplesse excessive dont leurs tendons et leurs muscles sont doués à leur âge.

Notre méthode n'est pas plus applicable à l'étude du piano qu'à celle du violon, de la flûte, ou de tout autre instrument; elle ne donne le mécanisme d'aucun; mais elle prépare la main, égalise la liberté et par suite la force des doigts, et accélère ainsi le mécanisme de tous.

CHAPITRE VI.

La méthode adoptée jusqu'à ce jour se résume dans l'étude des gammes, dans celle des exercices destinés à développer particulièrement la force de l'annulaire et du petit doigt, et dans l'exécution d'œuvres musicales nommées *études*.

Cette méthode ne s'est point appuyée sur la connaissance de l'anatomie de la main; c'est pour cette raison qu'elle n'a pu trouver les moyens les plus efficaces et les plus prompts pour donner aux doigts toute l'indépendance dont ils sont susceptibles. L'annulaire et le petit doigt sont aussi forts que les autres doigts de la main, mais ils ne sont pas libres; nous savons, de plus, que le médius est compris dans la dépendance de ceux-ci; et il a été dit plus haut, que le développement de la force dans les doigts était toujours proportionnel à la liberté qu'on leur donnait, et en raison du déploiement de leurs mouvements d'extension et de flexion ; il y a donc ici deux buts bien distincts. C'est pour les vouloir atteindre tous les deux par un seul moyen, délivrer l'annulaire, le médius et le petit doigt des entraves, qui s'opposent à la liberté de leurs mouvements, et fortifier tout à la fois le tendon extenseur de l'annulaire et les tendons fléchisseurs du médius et du petit doigt, *le tout, par la seule action de la volonté* ; c'est, dis-je, à cause de cette grande inégalité de rapports entre la puissance et la résistance, que les exercices de la méthode usuelle sont si pénibles, si fatigants, si décourageants, dangereux même pour la poitrine et l'estomac ; *c'est à cause de cette grande disproportion de forces, que cette méthode ne peut donner à ces trois doigts, au bout de vingt ans de travail, qu'une puissance égale à celle qu'ils acquièrent par la nôtre au bout d'une année d'étude.*

Si nous n'envisageons que l'annulaire, il est incontestable que ce doigt, dans la méthode usuelle, résiste toute la vie à la puissance de la volonté, et que celle-ci est inhabile à le douer de la liberté et de la force qu'elle réussit à donner aux autres ; il est donc rationnel de venir au secours de ce doigt, et de chercher à vaincre, par une puissance supérieure à celle de la volonté, la résistance que ses entraves opposent à sa liberté, et par suite au développement de la force.

Rien n'est plus facile que l'exercice que nous proposons pour atteindre ce but ; ceux de la méthode usuelle exigeaient, sinon du courage, du moins une grande force de volonté, unie à une grande persévérance ; le nôtre n'exige ni courage, ni volonté, et en dispense complétement : l'attention n'est même nullement nécessaire, et le temps consacré à cet exercice n'est point perdu, en ce sens que l'on peut l'employer soit à lire, soit à causer, soit à faire toute autre chose.

Il s'adresse aux personnes de toute condition puisqu'il va jusqu'à neutraliser les effets nuisibles de l'exercice manuel. Plus on sera jeune, plus ses effets seront sensibles ; néanmoins, le plus ou moins de temps que l'on y consacrera, décidera de celui au bout duquel on obtiendra une grande liberté dans les doigts. Toute personne ayant atteint vingt-cinq ans, lorsqu'elle commence l'étude du piano ou de tout autre instrument, n'arrive que rarement et très-péniblement, par les moyens en usage, à une force ordinaire. *Je puis donner la certitude qu'elle arrivera toujours et très-facilement à cette force, eût-elle commencé à trente-cinq.*

Les femmes, par cette méthode, peuvent commencer à tout âge l'étude des instruments ; la principale cause de cet avantage réside dans la grande souplesse dont leurs tendons et leurs muscles sont doués naturellement.

Un an d'étude par cette méthode donnera à l'annulaire, au médius et au petit doigt, une liberté et une force égales à celles qu'ils ne peuvent acquérir, par les moyens ordinaires, qu'au bout de vingt ans d'un travail soutenu; je ne dis pas une force égale d'exécution, je dis seulement une partie de cette force. L'indépendance de ces doigts est bien une source d'adresse et de mécanisme, mais le temps en est une autre, et la différence de temps est trop grande ici, pour que l'on puisse raisonnablement penser que les deux termes du rapport de l'exécution puissent être égaux ; *mais on obtiendra, au bout de cinq ans, une force d'exécution égale à celle que l'on n'aurait acquise que par vingt ans d'étude, avec cet avantage, que, la liberté et la force des doigts étant quintuplées, celles-ci rendront l'exécution brillante de netteté, et donneront, pour l'expression de la pensée, une aisance inconnue jusqu'ici.*

A égalité de temps, le jeu obtenu par cette méthode sera d'autant plus facile et rapide, hardi et vigoureux, gracieux et moelleux, léger et fin, que toutes ces qualités ne sont réellement que les attributs de la force ou de l'indépendance des doigts.

Le concours du temps et de ce moyen amenant à vaincre chaque jour une difficulté de plus, on verra se développer, croître et grandir le sentiment musical de chacun, entravé jusqu'ici par des obstacles jugés insurmontables, et finir par régner en maître.

Le véritable artiste y gagnera, et le public, habitué dorénavant à ce que l'on a appelé, à cette époque, des *tours de force*, sera ramené à apprécier malgré lui le véritable talent, et à réserver ses applaudissements pour celui qui, s'adressant à l'esprit ou au cœur, en saura charmer, exalter ou grandir les pensées, éveiller, exciter et diriger les élans.

CHAPITRE VII.

RÉSUMÉ DE LA NOUVELLE MÉTHODE INSTRUMENTALE RAISONNÉE.

Il existe une science de relation, qui établit des rapports intimes entre l'anatomie de la main et l'exécution de la musique instrumentale.

Toutes les difficultés d'exécution de la musique instrumentale sont comprises dans l'étude d'un seul instrument, le piano, et expliquées par elle.

L'exécution de la musique instrumentale se divise en deux parties : 1° l'adresse, ou le mécanisme de l'instrument ; 2° l'indépendance des doigts.

L'annulaire a une force d'extension ou d'élévation égale à celle des autres doigts de la main, mais relative à la position du médius et du petit doigt.

L'annulaire n'a que le tiers ou le quart du degré d'indépendance des autres doigts, parce qu'il ne peut s'élever au-dessus de la touche, sans être accompagné par le médius et le petit doigt, qu'au tiers ou au quart du degré d'élévation des autres.

Le degré d'élévation de l'annulaire au-dessus de la touche exprime le degré de son indépendance.

La dépendance de l'annulaire provient de la présence de deux expansions aponévrotiques, sortes d'attaches qui relient sa base aux bases du médius et du petit doigt, et entravent son tendon extenseur dans le développement de son mouvement isolé d'extension ou d'élévation.

Un coup est toujours le résultat de deux actions réunies, celle d'étendre ou de lever, celle de fléchir ou d'abaisser. La force de flexion de l'annulaire, considérée sous le point de vue de l'exécution, est relative à sa force d'extension.

Le but des attaches aponévrotiques est de relier les mouvements des doigts, et d'augmenter l'ensemble des forces de la main, ensemble nécessaire au travail manuel, auquel nous sommes appelés.

Les muscles fléchisseurs tendent toujours dans toute l'économie à prendre le dessus des muscles extenseurs.

Rien n'est plus contraire au talent de l'instrumentiste que l'exercice manuel, qui exige de la force.

L'annulaire est le doigt le plus dépendant, parce qu'il est retenu par deux expansions, et que celles-ci sont plus épaisses et plus rapprochées de son articulation que les autres.

L'annulaire, le doigt le plus faible, est toujours le premier fatigué.

La fatigue de l'annulaire se communique aux autres doigts, au fur et à mesure qu'elle se développe, par les expansions qui en rattachent les tendons les uns aux autres, et entrave ainsi la liberté de ceux-ci.

La difficulté de premier ordre consiste dans la dépendance de l'annulaire.

Les difficultés de second ordre consistent dans la dépendance des autres doigts de la main.

Les difficultés de troisième ordre ne se définissent par aucun défaut normal proprement dit, mais s'expliquent facilement par la présence de tous les moyens d'union de l'ensemble des doigts et du corps de la main.

Les difficultés de deuxième et troisième ordre cèdent plus ou moins, sous l'influence de la volonté ; mais les entraves, opposées à l'indépendance de l'annulaire, y résistent toujours, et semblent ainsi réclamer le concours d'un autre moyen.

Il est possible de donner à l'annulaire un degré de liberté égal à celui des autres doigts, mais impossible de lui faire acquérir un degré rigoureusement égal de force et de vitesse.

Notre méthode se déduit de la position la plus anti-naturelle et la plus antipathique aux doigts de la main, celle de l'élévation de l'annulaire, combinée avec l'abaissement simultané du médius et du petit doigt.

On ne doit jamais envisager l'annulaire seul, mais bien la corrélation intime de ce doigt avec le médius et le petit doigt, ni espérer d'agir sur lui, que par des mouvements combinés avec ceux-ci, et simultanés avec eux, dont l'effet donne une liberté égale aux trois doigts.

Toutes choses étant égales, une grande main a toujours de la facilité pour exécuter, et une petite, de la difficulté. Les femmes ne peuvent jamais arriver à la force d'exécution des hommes.

Le degré d'élévation de l'annulaire au-dessus de la touche exprime celui de la liberté de ce doigt, et le degré d'habitude de ce mouvement d'élévation exprime celui de la force du même doigt.

Le défaut d'élévation de l'annulaire ou sa dépendance est, directement pour ce doigt, et par relation pour les autres, la source de la faiblesse éprouvée dans l'exécution des cadences, des tierces, des gammes ou des traits, des accords, des octaves, et des notes tenues et frappées avec les doigts de la même main ; ce défaut est donc la source de la même faiblesse éprouvée dans l'exécution d'un morceau, puisque celle-ci n'est qu'une combinaison intime et dérivée de ces mêmes difficultés, variées, décomposées, altérées et entremêlées.

L'octave est tout à la fois une difficulté de doigts, de grandeur de main et de poignet.

Le but principal de l'exercice de la nouvelle méthode instrumentale consiste à atténuer, par une distension quotidienne et graduée, la résistance des expansions aponévrotiques de l'annulaire, pour permettre au tendon extenseur de ce doigt, et aux tendons fléchisseurs du médius et du petit doigt, de développer leurs mouvements avec une grande liberté.

Pour atteindre ce but, le mouvement que doit exécuter l'annulaire, simultanément avec le médius et le petit doigt, ressort de la position anti-naturelle et antipathique par excellence, dont j'ai parlé plus haut.

On doit exercer chaque main régulièrement tous les jours au moins pendant 15 minutes, et au plus pendant 30.

L'annulaire aura atteint toute la liberté dont il est susceptible, lorsqu'en plaçant la main sur les touches d'un clavier, dans la position voulue pour l'exécution, *il atteindra, en s'élevant isolément, une hauteur égale à celle du médius.* On arrivera à ce résultat après dix-huit mois d'étude environ, et vingt-cinq minutes d'exercice par jour. Pour conserver à ce doigt toute la liberté qu'il aura acquise, il ne sera plus nécessaire alors de le soumettre à l'exercice de l'instrument que tous les 3 ou 4 jours.

Deux grandes résistances s'opposent au développement du mouvement isolé d'extension de l'annulaire :

1° Celle des expansions aponévrotiques ;

2° Celle de l'aponévrose palmaire ;

L'INSTINCT, *qui porte tous les instrumentistes à appuyer fortement l'annulaire sur les meubles qui se trouvent à leur portée, lorsqu'ils cherchent à en augmenter la force, est l'indication naturelle du principal exercice de notre méthode.*

Il est indispensable et conforme au vœu de la nature de distendre légèrement les tendons de flexion d'un doigt, lorsque l'on veut augmenter le développement des mouvements d'extension de ce doigt.

Dès que l'on a retiré la main de l'instrument, on éprouve immédiatement dans l'annulaire un léger sentiment de faiblesse, sensible dans son mouvement de flexion. Ce sentiment de faiblesse, qui provient d'une distension légère, mais indispensable, des tendons fléchisseurs de ce doigt, n'est que momentané. Il ne se fait plus sentir lorsque le doigt a pris l'habitude de cet exercice.

Il est nécessaire de laisser reposer la main après qu'on l'a exercée ; en général, on ne doit pas exécuter immédiatement après ; beaucoup de personnes se trouvent bien d'attendre deux ou trois heures, plus encore d'exercer le soir, et d'exécuter le lendemain.

La liberté et la force des mouvements de flexion du médius et du petit doigt sont corrélatives avec la liberté et la force du mouvement d'extension de l'annulaire ; *c'est donc sur trois doigts de la main que l'effet de notre instrument se fait directement sentir.*

Toutes choses étant égales, le développement de la force dans les doigts est proportionnel à la liberté qu'on leur donne, et toujours d'autant plus grand et d'autant plus prompt, que le développement de leurs mouvements d'extension et de flexion est, dans l'exécution, plus considérable.

L'exécution de la musique instrumentale réclame de chaque doigt trois qualités essentielles : la liberté, la force, l'adresse. Notre instrument donne à l'annulaire, au médius et au petit doigt toute la liberté dont ils sont susceptibles, par suite de l'extension des expansions aponévrotiques et de l'aponévrose palmaire ; l'exercice de l'exécution, qui suit, développe la force dans leurs tendons, en raison de la plus grande étendue donnée à leurs mouvements ; et l'exécution, proprement dite, les rend d'autant plus adroits, que la liberté et la force sont, avec le temps, les trois sources de l'adresse.

L'Annulaire est la clef de la Main.

L'indispensabilité des exercices, reconnue dans la méthode usuelle, est remplacée dans la nôtre par l'emploi de notre instrument, qui donne aux doigts la liberté, et l'exercice de l'exécution, qui y développe la force ; néanmoins, il est bon et utile d'y joindre l'étude de quelques exercices, particulièrement destinés à accélérer le développement de cette force.

Les exercices les plus propres à faire atteindre ce but devront reposer sur trois principes :

1° L'élévation de l'annulaire doit être combinée avec l'abaissement simultané du médius ou du petit doigt, ou des deux à la fois ; celui-ci doit frapper généralement les touches noires ; ceux-là les touches blanches.

2° Le médius et le petit doigt doivent agir dans une direction oblique à celle de l'annulaire.

3° On doit occuper, autant que possible, tous les doigts de la main, les uns à frapper les touches, les autres à les tenir baissées.

Le temps nécessaire pour arriver à vaincre les difficultés d'un morceau est d'autant plus court, qu'on indique ou marque davantage les plis de la main, en envoyant dans les doigts une plus grande somme de volonté.

La durée du temps nécessaire pour vaincre une difficulté est en raison inverse de la somme de volonté dépensée.

Si un passage d'un morceau exige, pour être exécuté nettement, deux heures d'étude, avec une somme de volonté représentée par 1, il n'exigera plus qu'une heure, avec une somme de volonté représentée par 2. Les résultats d'une étude de deux heures peuvent ainsi être égaux à ceux d'une étude de quatre.

L'exécution sur un piano dur ou plombé est reconnue avantageuse par tous les artistes; elle ne l'est réellement, que parce qu'elle contraint à faire dépenser une plus grande somme de volonté, et à développer davantage les mouvements des doigts dans l'exécution.

Une exécution *forté*, sur un clavier mou, donne un résultat égal à celui d'une exécution *piano* sur un clavier dur, lorsque la première a amené à dépenser une somme de volonté égale à celle qu'a forcé de dépenser la seconde.

Tout morceau doit être étudié forté.

Pour arriver au plus vite à toute la netteté désirable de l'exécution, il est indispensable, sinon de jouer forté, du moins *de développer autant que possible les mouvements extenseurs et fléchisseurs des doigts dans l'exécution*. Pour être indépendants, les doigts ont besoin de liberté et de force; l'instrument donne à l'annulaire, au médius et au petit doigt, toute la liberté dont ils sont susceptibles; mais l'exécution, seule, peut leur donner la force, et nous savons que le développement de cette force est toujours d'autant plus grand et d'autant plus prompt, que le développement de leurs mouvements d'extension et de flexion est, dans l'exécution, plus considérable.

On aura d'autant plus besoin d'exercer la main dans l'instrument :

1° Que celle-ci sera plus petite.

2° Qu'elle sera plus étroite ;

3° Que sa force d'ensemble sera plus grande, et que les expansions aponévrotiques seront plus épaisses, et plus rapprochées des premières articulations des doigts ;

4° Que la direction des expansions sera plus perpendiculaire à la direction des tendons ;

5° Que les doigts seront plus courts ;

6° Que la peau de l'ouverture des doigts sera plus éloignée de leurs premières articulations ;

7° Que leurs tendons seront plus privés de souplesse ;

8° Que l'on sera plus obligé de travailler manuellement, et que ce travail sera plus rude ;

9° Que l'on aura moins de facilité à ouvrir complétement la main.

Notre méthode n'est pas plus applicable à l'étude du piano qu'à celle du violon, de la flûte, ou de tout autre instrument ; elle ne donne le mécanisme d'aucun ; mais elle prépare la main, égalise la liberté, et par suite la force des doigts, et accélère ainsi le mécanisme de tous.

La méthode usuelle ne s'est point appuyée sur la connaissance de l'anatomie de la main ; c'est pour cette raison, qu'elle n'a pu trouver les moyens les plus efficaces et les plus prompts, pour donner aux doigts toute l'indépendance dont ils sont susceptibles.

La nôtre est la seule basée sur une étude approfondie de l'anatomie de la main.

Elle seule est véritablement efficace et prompte, et donne aux doigts toute l'indépendance dont ils sont susceptibles, parce qu'elle seule proportionne la puissance à la résistance.

Son principal exercice n'exige ni courage, ni volonté; l'attention n'est même nullement nécessaire, et le temps qu'on lui consacre n'est point perdu, en ce sens, que l'on peut l'employer, soit à lire, soit à causer, soit à faire toute autre chose.

Elle s'adresse aux personnes de toute condition, et permet à une personne de 35 ans de commencer l'étude d'un instrument, et d'arriver encore à une force ordinaire. Les femmes, par cette méthode, peuvent commencer à tout âge l'étude des instruments.

Elle donne à l'annulaire, au médius et au petit doigt, au bout d'une année d'étude, une indépendance égale à celle qu'ils n'acquièrent, par la méthode usuelle, qu'au bout de vingt ans d'un travail soutenu.

Elle donne, au bout de cinq ans, une force d'exécution égale à celle que l'on n'aurait obtenue qu'avec vingt ans d'étude.

Le jeu qu'elle procure devient, à égalité de temps, infiniment plus facile et rapide, plus hardi et vigoureux, plus gracieux et moelleux, plus léger, plus égal et plus fin, que celui obtenu par toute autre méthode; et, avec elle, le sentiment musical de l'amateur et de l'artiste, d'emprisonné qu'il était, croît, se développe et grandit, comme tout grandit avec la liberté.

*Lettre de **M.** le docteur* **Auzias-Turenne**, *professeur d'anatomie et de chirurgie à l'École pratique de la Faculté de médecine de Paris, en réponse à diverses questions, que **M.** Thalberg lui avait adressées, relativement à la dépendance de l'annulaire et à l'utilité de l'appareil.*

Paris, le 23 janvier 1846.

Monsieur,

M. Levacher D''' a eu l'obligeance de me montrer l'instrument destiné à faciliter les mouvements des doigts chez les instrumentistes, et sur lequel vous me demandez un avis scientifique.

L'expérience ne s'étant point encore prononcée pour moi sur les résultats de l'usage de cet instrument, je ne puis le juger, pour ainsi dire, que théoriquement, et je me vois à regret forcé d'apporter un peu de réserve dans mon approbation, que le temps, sans nul doute, rendra plus complète.

C'est vous dire, Monsieur, que, dans ma pensée, les faits viendront justifier toutes les espérances que M. Levacher D''' a fondées sur le succès de son instrument, dans le monde musical.

Je pense, comme M. Levacher D'***, que les liens anatomiques qui existent entre le tendon extenseur de l'annulaire et les tendons extenseurs voisins, sont la cause pour laquelle le mouvement d'extension de cet annulaire n'est point assez indépendant, et que la destruction de ces liens serait le vrai correctif de l'inconvénient dont il s'agit. Je vais jusqu'à penser que deux petites piqûres sous-cutanées en feraient plus complétement et plus promptement justice que tout autre moyen. Néanmoins, je doute fort que beaucoup de personnes veuillent se prêter à cette bénigne opération. On préférera, j'en suis sûr, l'instrument de M. Levacher D'***, moins prompt dans ses effets, parce qu'il sera toujours utile et innocent, à moins qu'il n'existe des circonstances particulières, mais facilement appréciables par un médecin, telles qu'une grande susceptibilité nerveuse, une prédisposition des articulations à s'irriter.

Je crois donc, Monsieur, pouvoir résumer ma pensée de la façon suivante, en réponse aux questions, que vous me faites l'honneur de m'adresser :

1° *L'annulaire est susceptible, par l'emploi de l'instrument de M. Levacher D'****, d'acquérir une puissance d'extension bien supérieure à celle dont il est normalement doué.*

2° Mais cette puissance d'extension ne sera peut-être jamais égale à celle du médius : elle ne le sera jamais à celle du petit doigt, qui a deux extenseurs, dont l'un est parfaitement isolé.

3° Le temps qu'il faudra pour obtenir ce résultat, devra varier pour bien des raisons, en tête desquelles je place l'âge des personnes. Ce résultat sera d'autant plus tôt obtenu, qu'on sera plus jeune.

4° Il serait bon d'ajouter à l'usage de cet instrument celui de bains locaux émollients, de lait ou d'eau de guimauve.

M. Levacher D'*** ferait bien aussi de doubler de coussins toutes les parties de son instrument qui doivent être en contact avec les doigts (1).

*Ma conclusion est donc, que l'instrument de M. Levacher D'**** rendra de vrais services, sous le patronage d'un grand artiste comme vous, Monsieur, sans entraîner avec lui aucune espèce d'inconvénient.*

En traçant cette conclusion, je n'ignore pas, Monsieur, qu'on pourra objecter à l'usage de cet instrument d'affaiblir la puissance des tendons fléchisseurs de l'annulaire. Mais cet affaiblissement, conséquence nécessaire d'une distension, ne serait, en tout cas, jamais assez grand ni assez durable pour gêner en rien.

Je termine, Monsieur, en vous apprenant que j'ai

____

(1) A l'époque où M. Auzias-Turenne répondait à M. Thalberg, je n'avais pas doublé de coussins et de velours l'instrument que je lui avais soumis, comme je l'ai fait depuis.

déjà cru devoir, dans l'occasion, conseiller l'usage de l'instrument de M. Levacher D****.

J'ai l'honneur, Monsieur, d'être, avec admiration.

Votre très-humble et très-obéissant serviteur,

Docteur AUZIAS-TURENNE.

Rapport de M. Cruveilhier, professeur d'anatomie pathologique à la Faculté de Médecine de Paris, président perpétuel de la Société anatomique, médecin de l'hôpital de la Charité, membre de l'Académie royale de Médecine et de l'Académie royale des Sciences de Turin, officier de la Légion-d'Honneur, etc., sur les causes de la dépendance de l'annulaire, et sur l'efficacité de l'emploi de l'appareil pour neutraliser ces causes.

MONSIEUR,

Vous me faites l'honneur de me demander,

Premièrement : Si le peu de développement du mouvement d'extension du doigt annulaire, lorsque ce doigt n'est pas accompagné dans son extension par le médius et le petit doigt, a sa source dans une disposition anatomique particulière.

Secondement : Si l'exercice que vous conseillez,

pour donner plus d'indépendance à l'annulaire dans son mouvement d'extension, peut atteindre ce but, et l'atteindre sans inconvénient.

I.

Relativement à la première question, je réponds que la dépendance du médius et du petit doigt, où se trouve l'annulaire, sous le rapport de son mouvement d'extension, a sa raison anatomique dans une double disposition, dont l'une s'observe à la région dorsale, et l'autre à la région palmaire de la main.

1° La disposition qui s'observe à la région dorsale consiste dans deux expansions tendineuses, qui, émanées du tendon extenseur de l'annulaire, vont se fixer, l'une, au tendon extenseur du médius, l'autre, au tendon extenseur du petit doigt ; celle-ci est en général beaucoup plus considérable que la première. J'ajouterai qu'au milieu des variétés anatomiques très-nombreuses que présentent ces expansions, sous le rapport de leur force, et même sous celui de leur voisinage de l'articulation des doigts avec le corps de la main, on peut les considérer comme deux brides ou demi-cintres, étendus du tendon de l'annulaire aux deux autres tendons.

Il suit de là, que le mouvement d'extension, imprimé par la volonté à l'annulaire, doit nécessairement être partagé par le médius et par le petit doigt.

Et telle est la solidarité qui existe entre le mouvement d'extension de l'annulaire et les mouvements d'extension du médius et du petit doigt, que, lorsque ces deux derniers doigts sont fortement fléchis contre la paume de la main, l'extension de l'annulaire est impossible, même par l'effort le plus grand de la volonté. Or, il est bon de remarquer qu'il n'y a pas réciprocité parfaite de dépendance entre les trois doigts, attendu que le petit doigt est pourvu d'un extenseur propre, et que d'ailleurs il est libre en dedans ; que le médius n'a point, il est vrai, d'extenseur propre, mais est à peu près libre du côté de l'index, tandis que l'annulaire, d'une part, n'a point d'extenseur propre, et, d'une autre part, est fixé par son côté interne et par son côté externe aux tendons extenseurs du médius et du petit doigt par les deux demi-cintres tendineux dont j'ai parlé.

2° La disposition anatomique de la région palmaire, qui rend, sinon tout à fait impossible, au moins extrêmement difficile et très-limité, le mouvement d'extension de l'annulaire dans son articulation avec le corps de la main, lorsque le médius et le petit doigt sont préalablement fléchis, cette disposition anatomique, dis-je, consiste dans un ligament transversal dépendant de l'aponévrose palmaire, lequel occupe, et la face antérieure de l'articulation des doigts avec le corps de la main, et les plis cutanés interdigitaux, et envoie de très-nombreux prolongements à la peau.

Or, ce ligament, qui est relâché, lorsque les trois doigts, médius, annulaire et petit doigt, sont fléchis simultanément, devient très-fortement tiraillé, lorsque le médius et le petit doigt étant fléchis, l'annulaire est maintenu dans l'extension, et manifeste sa présence par deux brides cutanées extrêmement résistantes, qui vont en divergeant de l'annulaire à la paume de la main.

II.

Relativement à la question de savoir si l'instrument que vous avez imaginé peut donner plus d'indépendance à l'annulaire dans son mouvement d'extension, et s'il peut le faire sans inconvénient,

Je réponds de la manière la plus affirmative, que l'espèce de gymnastique à laquelle vous soumettez le doigt annulaire devra parfaitement atteindre, et assez promptement, le but que vous vous proposez.

Je me suis assuré de la manière la plus positive, que votre instrument a pour effet d'allonger tout à la fois, et les expansions tendineuses, qui lient l'annulaire aux autres doigts, et le ligament transversal palmaire, qui me paraît constituer l'obstacle principal au mouvement d'extension de l'annulaire, lorsque les deux autres doigts sont fortement fléchis.

La possibilité d'atteindre ce but est une conséquence

de cette loi de physiologie, par laquelle les tissus fibreux, tendons, aponévroses, ligaments (tous tissus créés pour la résistance), bien qu'ils soient inextensibles, sous l'influence d'une distension brusque, finissent par céder à une traction lentement et graduellement exercée.

Je dis lentement et graduellement, car une distension trop rapide, trop considérable, aurait l'inconvénient d'affaiblir les parties sur lesquelles elle serait exercée, et peut-être alors de rendre moins précis et moins vigoureux les mouvements, qui auraient perdu en force ce qu'ils auraient gagné en étendue.

J'ai la conviction intime que, grâce aux sages préceptes dont vous avez entouré l'emploi de votre instrument, votre méthode aura tous les avantages que vous vous êtes proposés, *sans avoir aucune espèce d'inconvénient*, et je me félicite que *la solution anatomique des questions*, que vous m'avez fait l'honneur de me proposer, *soit entièrement confirmative* des résultats auxquels vous avait conduit l'observation *des difficultés qui rendent si longue et si laborieuse la partie mécanique de l'exécution de la musique instrumentale.*

Je vous prie, Monsieur, d'agréer l'expression de mes sentiments très-dévoués.

CRUVEILHIER.

Paris, ce 21 avril 1846.

TABLE DES MATIÈRES.

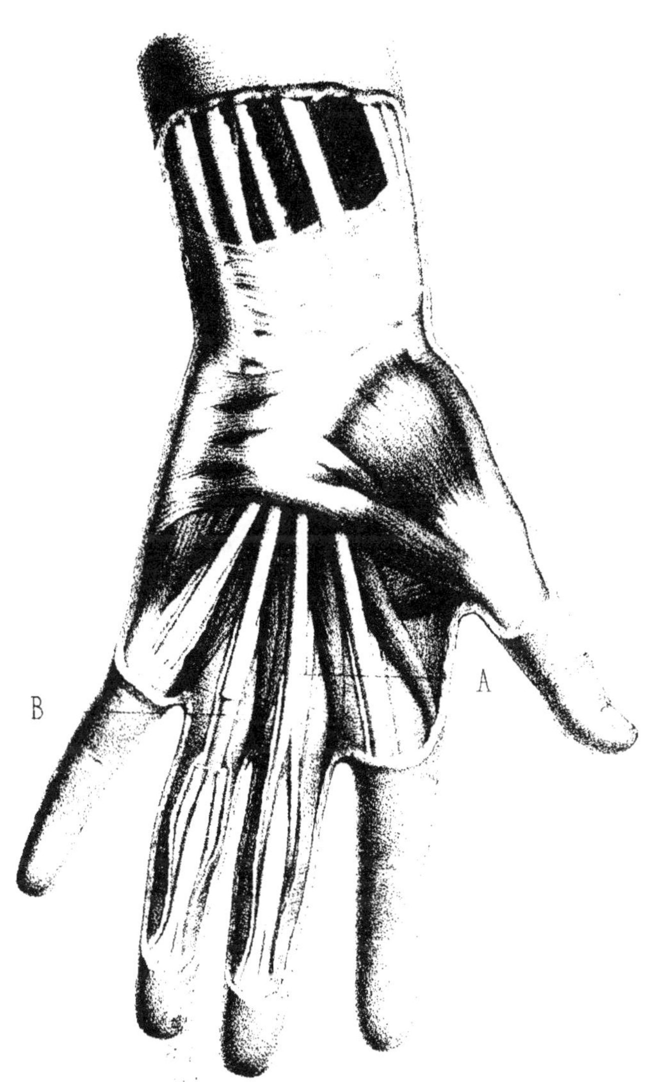

disséqué et dessiné par Emile Beau.   Imp. Lith. d'Artus, 50 Rue de la Harp

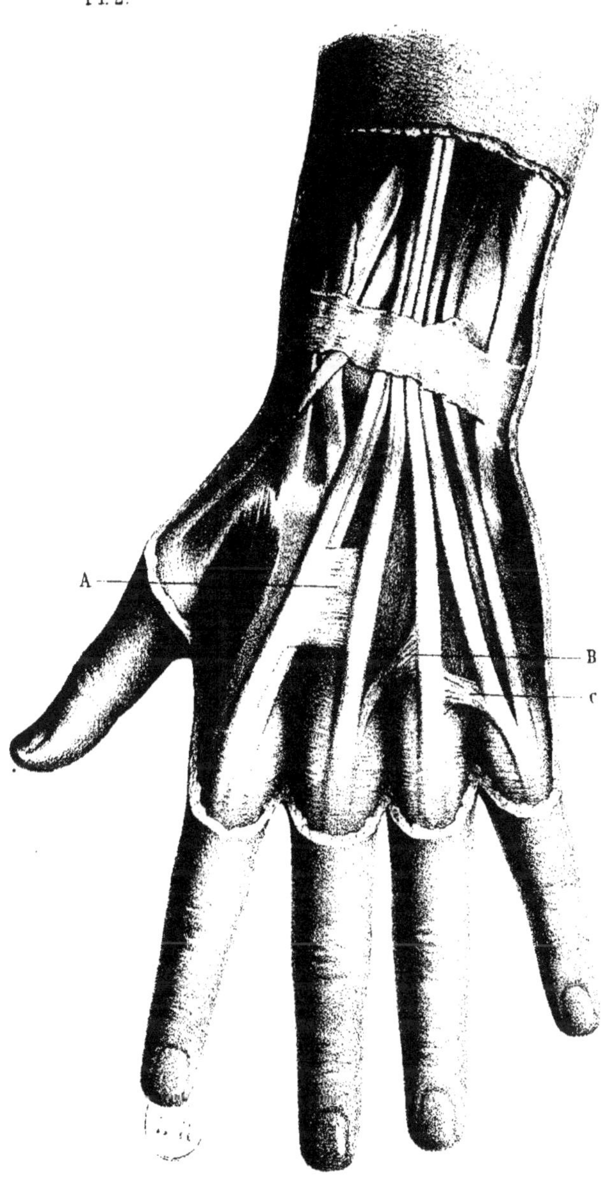

é et dessiné par Emile Beau .   Imp. lith d'Artus. 50 Rue de la Harpe.

Fig 1.

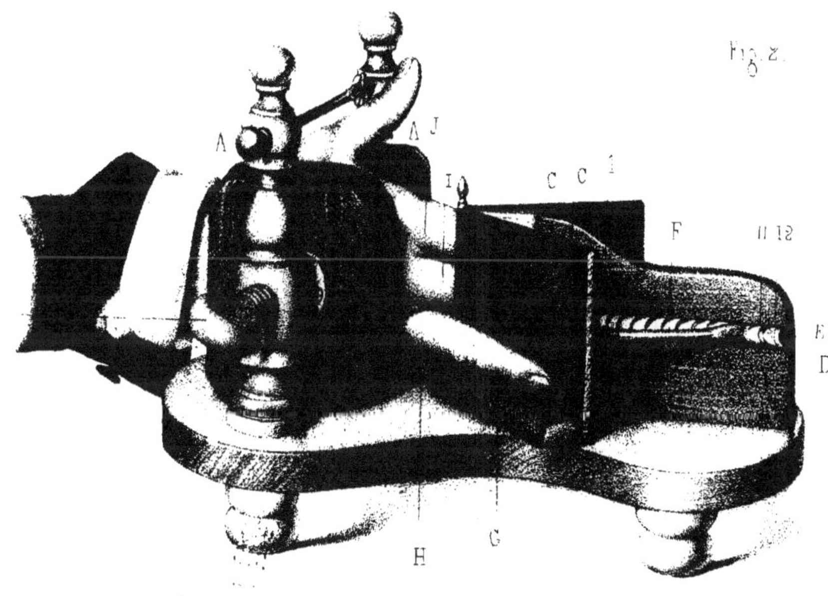

Fig 2.
A
A J
I
C C
F
B
E
D
H
G